U0509455

上海书店出版社
SHANGHAI BOOKSTORE PUBLISHING HOUSE

图说
中外景观
设计史

闻晓菁 ◎ 著

导　言

作为一部丰富而综合的设计历史，景观设计史关乎人类栖居形态演变、营造技术进步、生存环境优化和景观思想发展的历史。与此相悖的是，"景观学""景观建筑学"亦或是"风景园林学"，作为一门与人居环境和艺术相关的设计学科，在中国仍然非常年轻。事实上，人类创造景观的历史，是一部运用人工力量、意识和审美趣味去构筑理想生存环境的历史，也是在这样一个过程中孕育了这门年轻的学科。

古老而深邃的东方文明和富有进取精神的西方文明共同创造了景观艺术的典范，千百年来人类的城市化进程和建筑中获得的成果，也为景观设计提供了相应的经验和教训。作为人类生存环境的一种艺术形态，人们对景观艺术有着不同的认识方面：它可能是偏重自然生态的保护和繁衍，也可能偏重城市建筑的空间感受；可能是结合历史文化地区的复兴或者农林园艺的美学，也可能被用于旅游经济的开发经营。在这个过程中，人类的创造意识和审美思想在相互交流中促进了景观设计活动的进步。

自然景观是相对于人工景观（或者说人工环境）而具体存在的自然造化。它的存在意义也在于自身的空间特征与属性：它们可能是相对独立的，或者是与人工场所相毗邻的。但无论如何，它们是以自己的客观特点和人们借此赋予的意义为依据而存在的。它们既是整个生态平衡的支撑，又是整体景观文脉系统的重要组成部分，同时也客观地制约着人工场所的形态构成与发展，故此，是景观体系中最宝贵的一部分，也是人类从事景观设计活动必须慎重对待的客体之一。

作为生态系统组成部分的人类群体，过去在建筑历史等研究中，有时往往过高地评价了人类的理性力量，过多地强调了典型建筑物的设计技巧，建筑设计史几乎成了人类理性力量的赞美史诗。而一部客观的景观设计史，应当展现人与自然之间关系演变的过程，尤其是人作为最高级的生物形态如何主动地影响了自然与人居环境，以求构建一种人、建筑与自然和谐关系的过程，并借此展现人居环境思想发展的历程。

人们对景观营造的评价，往往取决于一件作品能否与与客观条件和自然环境建立持久的和谐，而不单纯的基于造型艺术、形象艺术。孤立的或局部的美好设施不是景观质量的全部，景观美所包含的艺术性与人类的创造活动有直接关系，尽管在人类营造过程中有许多不完善的地方，但仍然能反映出人类精神的闪光点。因此，景观的美不是绝对的，固有的审美模式在景观中很难找到合适的位置，对于特定环境或特定的文化背景，相对性和偶发性的审美联想和即兴创造，自然不可忽略。

景观审美的认知是一个由视觉主导与多元化感受共同发生的过程。优秀的景观作品能为人们的想象力留有余地，创造一种审美的自由境界。由此，本书的编纂，希望通过图像化的呈现，在中西方文化发展的历史轴线上，架起一道真实可见的全球景观形态演变的影像走廊，引领读者从一位历史观察者的视角，阅读、欣赏和理解数千年来——从人类原始聚居到人居环境发展的历史沿革。尝试以一种更加直观且充满趣味的方式，来阐释人类文明进程中人文、景观、环境和设计之间的内在联系、成果与反思。同时，在阅读与看图之间，保留更多思考与遐想的空间。至少，可以启示我们如何回避过去所犯的错误。

多年前，同济大学的罗小未先生以一部《外国建筑历史图说》开启了一代代学人追寻设计历史的好奇与热情，图说二字也成为存于笔者心中多年的情结。面对今天的中国，纵然现代化进程全面而迅猛，景观营造则从过去对日新月异的追逐，逐步回归到与古为新的人文理性。而中国庞大的设计从业人员与专业院校师生，更加肩负着来自人居环境发展和来自学科建设的任重与道远。

仅以此书，致敬前辈，亦是自勉。

闻晓菁
2023 年 11 月于上海

目 录

CONTENT

01
营窟而栖居
远古人类的居住环境

劳动创造了人类，劳动创造了世界

在 漫长的地质历史演变过程中，人类文明史是极短暂的。假如把地球历史比喻成一卷厚厚的书，新生代只是这卷书的最后几页，而人类出现的描述只能在最后一页才能找到。应当看到，从猿到人的长期演变历程中，劳动是一个重要的因素。依照达尔文的说法，古猿从"攀树的猿群"逐步学会直立行走，直至发明并使用重要的劳动工具：木棒与石块。正是这种高级生灵发明了劳动工具，开始了调整环境以适应自身或者调整自身以适应环境的伟大任务，人类由此进化而来。尽管历经各种时期的严酷气候，但人类的繁衍却持续壮大。

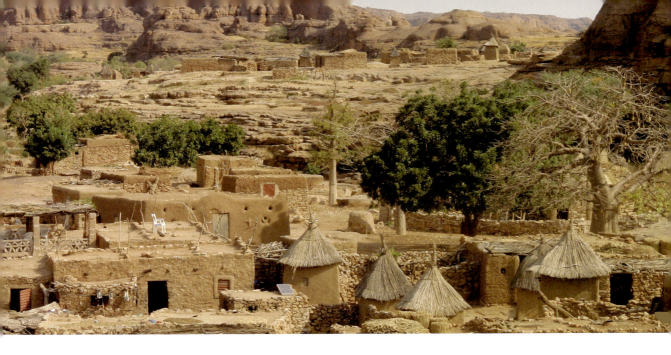

1.1 从巢居穴处到筑室而居

在远古时代严酷的生存环境下，自然界的各种恶劣气候、毒虫猛兽和人类自身的疾病、瘟疫等都对人类生存构成威胁，自身的安全需求是所有设计因素中的首要。作为自然界的物种之一，人类的生存取决于适应自然的能力。这种适应当然包括设计并制作工具、武器来保护自己，也包括为自己创造安全的生存环境。原始人类对居住环境的营造正是对安全需求的体现。

一旦生存危机得到缓解，人类便渴望更舒适的生活，追求更高的营造技能、更复杂的构造方式。在漫长的生存进化过程中，每一种工具和器物的演变，每一种生存形态的进化过程，都"体现了无数代人的集体经验"（戈登·柴尔德，Vere Gordon Childe 1892—1957）。正是从无数代人的经验中，人类发现并总结了在工具制作过程中符合规律的形式要求（如光滑、弧度、均衡等），并由此产生了对形式感（曲线、对称、尺度等）的感知能力，又在改造生存环境的过程中发明了各种建筑的构造方式，发现、发明了各种建造材料，形成了对物质对象的审美经验。这种建立在物质生产基础之上的审美经验，经过漫长历史阶段的升华，最终成为人类在设计意识中的自觉追求。

图1-1　多贡族人的自然村落
非洲尼日尔河流域
Dogon Village, Niger River, Africa

该古老村落于1987年被无意间发现。多贡族为黑人土著，以耕种和游牧为生，仅凭口授来传述知识。其建筑与村落形态深受本族宗教的影响，村落布局如同人的形体，房屋则代表动脉和静脉。

图1-4　原始人类取火用的燧石与擦石
旧石器时代
Flint, Paleolithic

人类进化过程从制造和使用工具开始，经过磨制和抛光的石器不仅提升了外观，更体现了制作者具备掌控制作过程的能力，尤其是对形制的控制能力和对形式的感受能力，这一过程在新石器时代表现得更为成熟、明显。实践证明，经过磨制的石器使用起来更为有效、合理。

图1-5　用鹿角制成的鱼叉
约克郡，英国，公元前6000年
Harpoon, Yorkshire, Britain

为采集食物与狩猎，人类开始制造骨针、骨针、兽叉、鱼钩等兽骨利器，并且用矛和箭从事大型狩猎活动。图为早期人类捕鱼的工具，出自英国约克郡的一个旧石器遗址，约公元前6000年。

图1-6、图1-7　原始住宅遗址及复原图
西安半坡遗址，约公元前3600年
Banpo Remain, Xi'an Prov., China

图1-8　阿纳萨齐人的峭壁村落遗址
科罗拉多西南部，美国
Native American community of Anasazi, America

阿纳萨齐人又称古普韦布洛人，是北美西南地区的古代印第安人，曾居住在美国犹他州、亚利桑那州、新墨西哥州和科罗拉多州等地。阿纳萨齐人以沿悬崖峭壁建造石头和土坯建筑最为著名，呈阶梯式排列，到后期已出现大规模的水利设施。这支文明何以在12—13世纪突然消逝，至今都未有定论。但借助原始村落的完好形态可以窥探早期人类利用自然环境来构筑自我栖息地的本能。

图1-2、图1-3　辛格维利尔湖大裂谷
冰岛
Thingvellir Rift, Iceland

位于冰岛境内辛格维利尔国家公园，全长约27公里。该裂谷于1783年喷发，喷射出的大量火山灰和火山气体造成冰岛境内75%的动物死亡，并继续在之后的饥荒中造成一万多居民的死亡。人与其他动物的生命在自然环境中是极为脆弱的。

01　营窟而栖居
远古人类的居住环境

1.2 早期人类栖居地的建筑与景观

远古洞穴艺术

在居无定所的状态下，自然界中的洞穴成为最好的居所，也留下了早期艺术痕迹：岩画。欧洲代表性的岩画完成于距今3万年到1.2万年期间，大都位于法国和西班牙境内。西班牙是欧洲原始岩画分布最多的地域，其中以拉斯科洞穴（Cave at Lascaux）和阿尔塔米拉洞穴（Cave at Altamira）最为著名。画面主要表现成群腾跃的公牛及各种马匹，特别是众多兽类与人类的搏击，形象生动，淋漓尽致，表现出一种强烈的撼人心魄的生命力。稍后的新石器时期的岩画，则采用抽象性的符号形式，

也可以说是文字的起源。在北欧的斯堪的纳维亚半岛，岩画以表现渔业活动为主，而南方的岩画则表现农耕与放牧。无论何种题材，这些岩画都富有浓烈的抒情色彩，也是人类留下的最早的景观艺术作品。

史前欧洲巨石建筑

新石器时代的欧洲人口稀少，没有出现过西亚式的城镇社区。但从新石器时代晚期至青铜时代早、中期，西欧、北欧却发展出大量以巨大石料构成的建筑传统，与西亚平原形成鲜明对比，考古学界称之为"巨石建筑"（Maegaltithic architecture），多出现在公元前4500—前1500年间。学界普遍将这些建筑的出现视作欧洲原始先民走向定居生活的标志。这些巨石建筑大致分为两类：一类是立石和列石，一般推断为早期宗教崇拜物；另一类是"石棚"，大多用作坟墓。

地中海周边地区及岛屿，以及大西洋沿岸等地的巨石建筑是新石器时代最重要的建筑及人为景观形式，它的出现及日后的发展，为西方石造纪念性建筑奠定了基础，尤其是柱梁式结构和在建造过程中对尺度的把握和对视觉效果的"微调"，更预示着后来高度发达的石造建筑和纪念性景观建筑的技术水平。

图1-9　阿尔塔米拉洞穴壁画
奥瑞纳时期，西班牙
Cave at Altamira. Aurignacian, Spain

图1-10　阿尔塔米拉洞穴壁画
马格德林时期，西班牙
Cave at Altamira, Magdalenian, Spain

图1-11　杰里科的早期聚落
约旦河谷西侧，以色列，公元前9000年
Jericho, Israel

约在公元前9000年前后，以狩猎为生的原始先民
在约旦河谷西侧长期定居，在随后的2000年间发
展出最初的农业，形成了有组织的村落社区。村
落中最古老的房屋平面为圆形，表明当时的人们
依照游牧部落的帐篷形制来建筑最初的房屋。约
公元前7500年，出现了环绕的石垒高墙、瞭望塔
等具有防御功能的城镇雏形。"定居"使杰里科人
逐步发展出先进、丰富的生活方式。

图1-12　加泰土丘的早期城镇形态
安纳托利亚，土耳其，公元前6500年
Catal Huyuk, Anatolia, Turkey

据考古推测，当时的城镇居民约有7000多人，占
地规模约12公顷，当地人也是最早掌握冶铜技术
的人群之一。当时的城镇中已设有宗庙建筑，从
装饰中可以看出宗教文化以农业丰收、人类的生
殖和繁衍生息为中心。房屋主要用砖砌成，整座
城市呈蜂窝状排列，整齐划一。

5

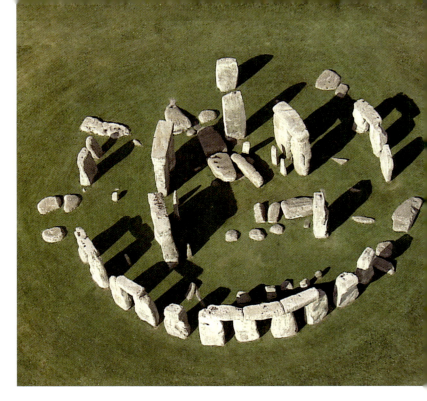

图1-13　史前"巨石阵"

威尔特郡,英国,公元前4000—前2000年
Stonehenge, Wiltshire. Britain

占地面积大约11公顷的奇特巨石建筑,
又称"索尔兹伯里石环""环状列石""太
阳神庙"等,欧洲著名的史前时代建筑遗
址,属新石器时代末期至青铜时代。巨
石阵由许多整块的砂岩组成,每块约重
50吨。它不仅在建筑学史上具有重要地
位,在天文学上也具重大意义:石阵的主
轴线、通往石柱的古道和夏至日早晨初升
的太阳,均在同一条线上;此外,其中还
有两块石头的连线指向冬至日落的方向。
因此猜测,很可能是远古人类为观测天象
而建造的,可称之为天文台最早的雏形。

**图1-14、图1-15　新石器时代分布于
欧洲各地的各种巨石纪念性建筑**

除了威尔特郡的史前巨石阵,这类石柱群
在威尔士、爱尔兰、法国(布列塔尼)、西
班牙、葡萄牙以及包括科西嘉等地中海岛
屿在内的很多地方都存在,总数约达五万
多处。

02

西亚的曙光

古巴比伦与波斯的建筑与景观

底格里斯河（Tigiris）和幼发拉底河（Euphrates）中下游之间的地区，通常被称作"美索不达米亚"平原（希腊语Mesopotamia，意为"两河之间的土地"），是古代人类文明的重要发源地之一。在两河流域间的"新月沃土"（底格里斯河和幼发拉底河之间的美索不达米亚平原，在地图上呈"新月"状，故名）所发展出来的文明，即举世闻名的两河流域文明，也称美索不达米亚文明（Mesopotamia Culture），是西亚最早的文明。这一带在远古时期居住着许多种族，是干旱区域，但下游土地肥沃，很早就发展了灌溉网络，形成以许多城镇为中心的农业社会。两河流域文明由苏美尔文明、巴比伦文明和亚述文明三部分组成，其中巴比伦文明因成就斐然而成为两河流域文明的典范，古巴比伦王国与古埃及、古印度和中国构成了人们通常所说的世界四大文明古国。

图2-1　波斯波利斯王宫遗址　设拉子，伊朗

苏美尔文明（Sumerian）约成熟于公元前4000年左右，是世界上最早具有文字的文明。这支文明曾被称为"巴比伦文明"或"巴比伦-亚述文明"。后因史学家归结其创立者并不是巴比伦人，也不是亚述人，而是更早的苏美尔民族，故采用"美索不达米亚"这一地理名称来概括这一文明。美索不达米亚文明在许多方面与埃及文明不同。在它的发展历史上曾有过多次的中断，种族成分复杂，民族和地理范围历经多次变更，致使建筑和景观发展表现出错综复杂的历史现象。

古代美索不达米亚文明的核心区在今天的伊拉克、伊朗西部和叙利亚地区。中东其他地区与古代美索不达米亚文明自古就有密切接触，在土耳其、埃及等地区还发展出独立的古代文明，与美索不达米亚文明在政治、经济、文化上长期交流并相互影响。几千年的发展和积淀过程中，古代美索不达米亚文明也深刻影响着后来的犹太文明、波斯文明、希腊罗马文明、基督教文明和伊斯兰阿拉伯文明。

2.1

苏美尔-美索不达米亚文明

图 2-2　楔形文字　　　　苏美尔人在文明史上最大的贡献是创造了一套文字体系，即"楔形文字"。它是用平头的芦杆刻在泥板上并晒干保存下来的。最初是一种象形文字，后逐渐地演变为一个音节符号和音素的集合体，总计约350个，供古代苏美尔人用来记载重大事件。

图 2-3　乌尔神塔　　　　乌尔城，伊拉克
　　　　　　　　　　　　City Site of Ur, Iraq

图 2-4　乌尔神塔的复原图　乌尔神塔也称观象台，苏美尔文明幸存的最大遗址，是一座人工构筑起来的"天国之山"。约建于公元前2250年。是古代西亚人用来崇拜山岳、崇拜天体、观测星象的塔式建筑物。

2-1	2-3
2-2	2-4

2.2 新巴比伦的伊甸乐园

　　古巴比伦王国（约前3500年左右—前729年）位于美索不达米亚平原，大致在今天伊拉克的版图内，分为古巴比伦王国和新巴比伦王国（也称迦勒底王国）。美索不达米亚的早期文明深受自然环境的影响，底格里斯河和幼发拉底河年年泛滥，加之异族不时来扰，现实生活促使人们寄思于上苍，星空等自然元素很容易在人类心中占据超凡意义。

9

从宗教角度来看，"自然"包含着两层含义：一层是诸神的概念，在众多的神灵之中包括一位至高无上者，掌控世间一切；另一层是一个可望而不可即的永恒世界的存在。两个概念都受人类想象力的局限；前者反映了一种现实生活关系的理念；后者反映了人类的物质理想。生活的无法保障必然会导致这样一种生存观：一方面要尽情享受短暂人生，另一方面要对宁静的未来生活作出沉思冥想，星空即象征这种宁静并带给人无尽的遐想，而金字形神塔正是这种世界观的物化表达，供人们观察、测算天文现象，试图预测影响农业耕种的奥秘。只是这一形态在日后崇尚武力的亚述人和波斯人统治时期逐渐衰落，金字塔的天际线轮廓也为后来的穹顶和尖塔所取代。而伊甸园（the Garden of Eden，出自《圣经》，即古希腊语"美索不达米亚"）作为一种形而上学的描述则要持久得多。

图2-5　巴比伦城遗址　　从萨达姆-侯赛因（Saddam Hussein）以前的夏日行宫处看到的古巴比伦遗址。巴比伦城
The Ruins of Babylon City　　位于伊拉克巴格达以南85公里处，包括该城的废墟，在公元前626年至539年之间，是新巴比伦帝国的首都。

图 2-6　古巴比伦的地理值置示意图

图 2-7　新巴比伦城"空中花园"

复原想象图，绘制
Hanging Garden

新巴比伦城"空中花园"是国王尼布甲尼撒二世（Nebuchadrezzar
II，前 605—前 562 年在位）为取悦王后，按照王后的家乡米底（古
伊朗王国）山区的景色而建。花园呈层层叠叠的阶梯形，内辟山
间小道与流水，并在花园中央建有城楼。由于花园比宫墙还高，如
同悬挂在空中，故称"空中花园"，又叫"悬苑"，被列为"世界八大
奇观"之一，也被认为是世界上最古老的屋顶花园。本图为 J. B.
Beale 绘制的复原想象图。

图 2-8　新巴比伦城"空中花园"

复原想象图，鸟瞰角度
Hanging Garden

受材料限制，巴比伦的建筑均为黏土烧砖筑成，相较于石刻建筑显得
更加自由。构筑物常呈低矮、水平方向发展，重要建筑置于台基之上
以避免洪水与昆虫的侵扰，平坦的屋顶则构成屋顶花园。巴比伦当
时出现了拱顶技术，很可能是传说中空中花园的基本筑造技术。

灌溉与农作的综合效应使人们产生了最初造园的设想，也是农耕文明
对理想化景观的再现。西亚的园林往往设有围墙，以几何形态为基本，
内部有灌溉水渠和树木，水渠象征天国河流，树木象征对生命力的崇
拜，水渠与绿荫一同穿越花园即伊甸园的基本形制，再次体现了自然在
人类意识中的超凡意义。

图 2-9　通天塔
绘制的想象图，新巴比伦城

也称巴别塔，一座供奉巴比伦人的主神马尔杜克（Marduk）的神庙。巴比伦古城里最早的巴别通天塔，在公元前689年亚述国王辛赫那里布攻占巴比伦时就被破坏了。新巴比伦王国建立后，尼布甲尼撒二世下令重建通天塔。据说，重建的巴别通天塔共有7层，总高90米，塔基的长度和宽度各为91米左右，高耸入云。

图 2-10　伊什达门
新巴比伦城，公元前7—前6世纪
Ishtar Gate

据文字记载，新巴比伦城横跨幼发拉底河两岸，平面近似方形，城中道路互相垂直，南北向的中央大道串连着宫殿、庙宇、城门和郊外园地。伊什达门为城的正门，上有彩色琉璃砖砌成的动物形象，并有华丽的边饰。城门西侧即著名的空中花园。图为科尔德威复原的位于柏林帕加马博物馆（Pergamon Museum）内的伊什达门。

图2-11　复原的巴比伦城

按照当时描述复原的新巴比伦城的景象，后面的是想象中的通天塔

图2-12　人首翼牛像
萨尔贡王宫，赫沙巴德，公元前722—前705年
Winged Bull, Palace of Sargan, Chorsabad

萨尔贡王宫是亚述时期最重要的建筑，为皇帝萨尔贡二世的宫殿，建于两河流域上游都尔·沙鲁金城（Dur Sharrukin，今赫沙巴德）西北面。图为王宫裙墙转角处的一种建筑装饰。为了使雕像的形象从正面与侧面各个角度观看均显完整，常雕有五条腿，又称五腿兽。

观景台与狩猎苑囿

　　在亚述人统治期间，随着马匹驯养的普及，也出现了早期的狩猎苑囿（Hunting Park），是最早扩展渗入环境中去的景观园林。苑囿同样以几何形布局，种植的树木常引自遥远的地方，野生动物也被引入，狩猎用的亭岗逐步演化成最初的观景亭台。即使在被波斯人征服期间，这方面的开拓和实践都未中断过。因为，波斯波利斯城就是营建在巨大的基座上的，气势庞大，从山峦向外延伸以控制城下的平原。在波斯人的景观观念中，唯一可见的宗教仪式即是在高地上火祭，并且在日后的萨珊王朝（Sassanid Empire）时期，这些仪式仍然继续着。

2.3

波斯君王的宫殿

　　波斯人没有兴建过大型的神庙建筑，并非他们不敬畏神灵，而是因为他们采用露天的火坛祭拜，即使是琐罗亚斯德教（Zoroastrianism）成为波斯国教前也是如此。波斯建筑主要继承了两河流域的传统，汲取了希腊、埃及等地区的成就，自身又有所发展。波斯建筑的成就主要体现在宫殿上，其中以大流士统治时期为鼎盛，在公元前521年前后波斯定都苏萨（Susa）。苏萨有完善的驿道通往美索不达米亚以至小亚细亚爱琴海沿岸，大流士在那里兴建了巨大的王宫，有效统治波斯王国。宫殿形制受巴比伦风格的启发，建筑群围绕着中央大院布置，宫墙上装饰有釉砖制作的巴比伦式的狮子和鹫首飞狮，还有大流士王家卫队的弓箭手。宫中的觐见大厅耸立着72根圆柱，高达20米，可见宫殿规模之巨。可惜苏萨的宫殿在公元前5世纪中叶被焚，其废墟也所剩无几，不过在位于苏萨城东南面的波斯波利斯宫殿遗址中，这些建筑特点依然清晰可见。

图 2-15　石刻兽像
波斯波利斯王宫遗址

图 2-16　觐见厅的石刻浮雕
局部，波斯波利斯王宫遗址

图 2-13　大流士石窟墓
伊朗扎格罗斯山区，公元前 485 年
Tomb of Darius，Zagros Mountains of Iran

建于波斯波利斯以北（今伊朗境内的设拉子东
北）12 公里的山岩峭壁中，其正面呈十字形，宽
约 13 米，刻有大流士宫立面的浮影。

图 2-14　浮雕，波斯波利斯王宫遗址
设拉子，伊朗
Persepolis，Shiraz，Iran

通向王宫觐见大厅的阶梯，两侧装饰着大量浮
雕，刻画了民族服饰各异的朝贡者列队前进的场
面。波斯帝国当时下设 35 个属国，有 23 个民族。
浮雕上的来自不同属国和民族的朝贡团或是手
捧金银珠宝，或是牵着狮子、双峰骆驼等，反映了
当时的繁荣景象，这些雕刻品历经 2400 多年依
然栩栩如生。

02　西亚的曙光
古巴比伦与波斯的建筑与景观

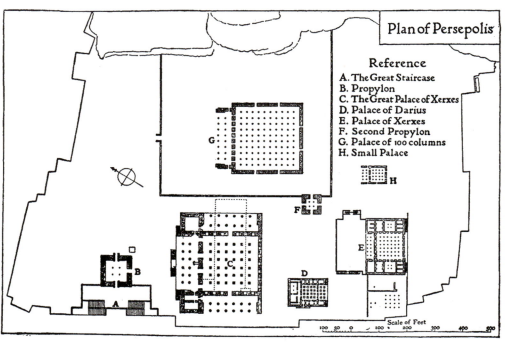

Plan of Persepolis

Reference

A. The Great Staircase
B. Propylon
C. The Great Palace of Xerxes
D. Palace of Darius
E. Palace of Xerxes
F. Second Propylon
G. Palace of 100 columns
H. Small Palace

Scale of Feet

100 50 0 100 200 300 400 500

图 2-17 波斯波利斯王宫遗址
俯瞰,设拉子,伊朗,公元前 518—前 406 年
Ruins of Persepolis, Shiraz, Iran

整个波斯波利斯王宫,是一组设计严谨的巨大建筑群,倚山建于一大平台上,由两种不同风格的建筑物组成:一种称"塔恰拉",即国王的寝宫;一种称"阿帕达那",为国王的觐见大厅,可容纳万人。现存的"觐见大厅"和"百柱大厅"是波斯波利斯的两座主要殿堂遗址。波斯波利斯有一条通向帝国内所有城镇的大道,建立起一个道路网,便于四方来访者均能到达王宫。这在当时几乎没有道路、人们也极少习惯外出的时代,堪称巨大的成就。

图 2-18 波斯波利斯王宫平面图
Plan of Persepolis

王宫入口为壮观的石砌大台阶,两侧刻有朝贡行列的浮雕,前有门楼,中央为觐见厅和百柱厅,东南为宫殿和内宫,周围是绿化和凉亭。据记载,王宫前面曾有官吏和普通民宅,可惜今天已荡然无存,只剩下一片荒原。

图 2-19 百柱大厅
Sala Delle Cento Colonne

与觐见大厅仅一庭院之隔,据考证是薛西斯一世的觐见厅,由 100 根高达十多米的石柱撑起。该殿始建于大流士时期,至其孙薛西斯时期才最后完工,面积达 4900 平方米,是国王接见客人和举行宴会的地方。巨型的圆柱之林具有极强的震慑感,装饰主题也具象征意义:数百根圆柱是由不同民族的符号组成,代表帝国的扩张。

2-17	2-19
2-18	

图 2-20　泰西封宫
伊拉克，公元 4 世纪
Palace at Ctenphon, Iraq

伊拉克古都泰西封宫的兴建标志了古伊朗传统风格的回归。泰西封宫是波斯帝国后期萨珊王朝的宫殿，呈现亚述和拜占廷建筑风格的结合，由彩砖砌成，今仅存中央大拱厅的残迹，但依旧为世界跨度最大的无加固式砖砌单跨建筑，对景观产生的主导影响与庙塔有异曲同工之妙。

　　正是两河流域发达的农业文明使人们产生了最初的园林设想。美索不达米亚平原这块以模式化布局的富饶的绿洲，像一块巨型地毯铺延在两河之间，而园林就是这种理想化景观的再现。古代巴比伦的"空中花园"的理想就是建立在这种农业文明进步的基础之上的。人工的灌溉技术保障了高悬的花园里林木葱郁。而一望无际的美索不达米亚平原，也使人们滋生出登高远望的自然渴求。在园林中建造观景亭台的手法一直延续到将整个宫殿建造在筑土而成的高台之上，也印证了古代巴比伦人建造通天塔的事实。

03
永恒的世界
古代埃及的建筑与景观

埃及文明作为一种沿河文明起源于尼罗河（Nile）沿岸方圆约1600公里的土地上。在上埃及，可以用峡谷景观来界定，山谷主要为红色、粉红色和白色的花岗岩石崖，这些崖壁通常风化为自然雕塑形状；在中埃及，以石灰石地貌为主要地理特征；下埃及，尼罗河两岸是沙漠，景观比较平淡，但天空晴朗万里无云，以北风来保持舒适的气温。由于洪泛频繁，无法形成森林，自然植物以棕榈、埃及榕、无花果、葡萄、芦苇和荷花为主。埃及人的环境概念是一种基于自然现象的重复循环性和稳定性的产物，自然现象的重复规律滋养了埃及人特有的冷静而理智的设计思想。

古埃及人认为生命像日出日落一样循环往复，人间与冥界隔着地平线在对称中共存共生，死亡只是新生命的过渡，生命穿越死亡门槛而得以永恒。古埃及文明下的景观设计足见对来世生活的精心准备，以及一种对永恒的追求，金字塔、神庙、陵墓、随葬俑等等，都是追逐永恒梦想而留下的痕迹。

图3-1　梅杜姆的金字塔
Pyramid of Meidum　　建于埃及第四王朝的第一代法老斯奈夫鲁时期（Suefru），造型从当初的阶梯状变为角锥体，这是金字塔发展的重要突破。

尼罗河的赠予

古代埃及曾在历史上保持相当长时间的稳定，其重要保障之一便是尼罗河流域的丰饶。尼罗河所提供的食物和贸易财富保障了埃及可以快速有效地征募军队进行进攻和防御。古代埃及人坚信：尼罗河是生命、死亡和死后生命的一条通道。东方被看作是出生和生长的地方，西方则是死亡的地方。因此，埃及人相信要获得死后再生，他们必须被埋葬在代表死亡的一方，因而所有的坟墓均位于尼罗河西岸。古埃及人也认为，是法老主宰了尼罗河水的涨落，为了这生命之水和谷物，农民需将生产出来的产品作为代价上交一部分给法老，法老则用这些财富来建设埃及社会。可见尼罗河在埃及的政治、社会生活乃至精神上都具有重要意义。希腊历史学家希罗多德（Herodotus，前484—前425年）称"埃及是尼罗河的赠礼"。没有尼罗河水的灌溉，埃及文明很可能只会昙花一现，这条河流为一个旺盛的文明和它三千多年不衰的历史提供了一切条件。

图 3-2　尼罗河两岸景观
俯瞰
Nile River

图 3-3　尼罗河畔与古埃及神庙

在前人研究的基础上,通常把古代埃及划分为五大历史时期:

- 早期王国时期,包括第一王朝和第二王朝,时间跨度是大约从公元前3100—前2688年。该时期,埃及历史上首次出现了国家形式并开始了统一运动。

- 古王国时期(The Old Kingdom,前2686—前2181年),包括第三王朝至第六王朝,还包括后来的"第一中间期",即第七至第十王朝。埃及进入统一时代,又称"金字塔时代",是埃及史上第一个持续繁荣500年的伟大时代,当时的农业、手工业、商业、艺术(尤其是建筑业)等都取得空前发展。公元前2181年第六王朝崩溃,法老对国家的控制权削弱,外族入侵频繁,史称"第一中间期"。

- 中王国时期(The Middle Kingdom,前2133—前1786年),包括第十一王朝和第十二王朝。埃及历史重新进入大一统时期,首都从北方的孟斐斯(Memphis)迁往南方的底比斯(Thebes)。第十二王朝结束后,受西亚游牧部落的入侵,埃及进入第二次内乱时期,史称"第二中间期"。

- 新王国时期(The New Kingdom,前1567—前1085年),包括第十三王朝至第二十王朝。埃及历史进入极盛时期,多次对外征战,建立了地跨亚非两洲的强大帝国。

- 后期王朝时期,包括第二十一至第三十一王朝,时间跨度大约从公元前1085—前332年,其中包括波斯人建立的第二十七王朝和第三十一王朝。

公元前332年,亚历山大帝国灭亡了第三十一王朝。亚历山大帝国崩溃后,其部将托勒密建立王朝统治埃及与周边地区,即托勒密王朝(Ptolemaic Dynasty)。后来,罗马人灭亡了托勒密王朝,埃及成为罗马的行省。此后,埃及相继被拜占廷人、阿拉伯人和奥斯曼土耳其人所统治。

03 永恒的世界
古代埃及的建筑与景观

3.2

埃及人的智慧

古埃及文明可以上溯到距今6000年左右，就时间而言比西亚的苏美尔文明略晚一些，但因苏美尔文明中途夭折，所留下的文字资料远不及埃及文明。古代埃及人最早掌握的知识是有关天文和数学方面的，二者都出于实际目的：计算尼罗河泛滥的时间、设计金字塔和神庙的建筑、解决灌溉和经济职责等复杂的社会问题。

宗教在埃及文明中占据支配地位，几乎每一个领域都带有浓重的宗教色彩。埃及人的信仰是多元的，信奉之神不计其数。人的智慧结合猛兽的强悍身体，产生了斯芬克司（Sphinx）的形象；太阳神——拉（Ra）是最主要的神，创造了尼罗河，从东向西的运动象征着生命、死亡乃至复活的过程；法老被视为太阳神之子，一个神化了的人。埃及人追求非现实的永恒人生，对于自然事物的原因并不深究，所取得的数学成就多来自经验而不是推理。由于自然现象的规律性、经济上的稳定和国家安全的相对保障（少有外来侵略），埃及人得以思考未来、正视现实世界并将未来想象为现在的延伸以至永恒。在埃及文明中，法老象征着永恒生命与现实灵魂之间的精神纽带，人们之所以创造伟大的纪念性建筑景观，是为了体现现实世界与未来世界之间的思想和永恒意念。

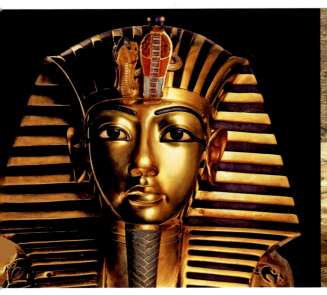

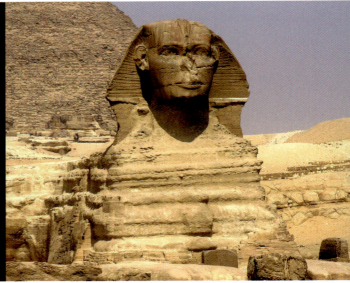

图3-4　埃及法老的黄金面具
底比斯古城出土，埃及
Mask of Pharaoh, Thebes, Egypt

图3-5　斯芬克司像
开罗，埃及
Sphinx, Cairo, Egypt

也称狮身人面像，位于今埃及开罗市西侧的吉萨区，哈夫拉金字塔的东面，距胡夫金字塔约350米。身长约73米，高21米，脸宽5米。斯芬克斯最初源于古埃及神话，也见于西亚神话和希腊神话中。据说，此金字塔前的斯芬克斯的面像依照法老哈夫拉的样子雕成，作为其守护神而看护他的俑住地——哈夫拉金字塔。

在埃及文明中，住宅和花园的设计建造达到了相当的水平，所有的表现都带有几何形状的原型。住宅建筑往往是低层平顶屋，内部空间也俭朴而少装饰。主要建筑材料是泥和木材，因此也难以长期保存。富裕人家花园的设计基本在有控制的几何范围中进行，只是至今都荡然无存。虽说埃及鲜有自然绿地，但几何式的花园和丰富的农业灌溉系统美化了尼罗河两岸的地貌，沿岸山崖重叠，东西两侧分别是庙宇和陵墓。

古代埃及最辉煌的建筑成就便是金字塔和神庙。这类纪念性建筑大多是用花岗岩或石灰岩材料筑成，坚固而富有象征性。一切建筑活动均以几何学知识为基础的，黄金分割律为后来的希腊人所采用，以控制建筑比例。由于埃及地区光线充足，建筑物大都封闭而较少开启，所有建筑物的墙面均给人深刻的整体印象，加上自然雕琢的岩石肌理和大量精制的图案、雕刻形象和绘画作品，进而丰富了建筑艺术的感染力。

3.3 建筑与景观

图 3-6　马斯塔巴
Mastaba

阿拉伯文的音译，意为石凳，最初用于古埃及住宅形式，后来是埃及古王国之前贵族的墓葬形式。在第三王朝之前，无论王公大臣还是老百姓死后，都被葬入这种用泥砖建成的长方形的坟墓。进入古王国时期后，国王开始使用金字塔取代马斯塔巴作为慕葬形式，而最早的金字塔正是从马斯塔巴演进而来的。

图 3-7　马斯塔巴构造示意图

坟墓多用泥石建造，呈梯形六面体状，分地下墓穴和地上祭堂两部分。墓中一般有众多墓室，不仅用于放置死者尸体，还放置陪葬者尸体，此外还有用于放置食物、用具和衣物的墓室。

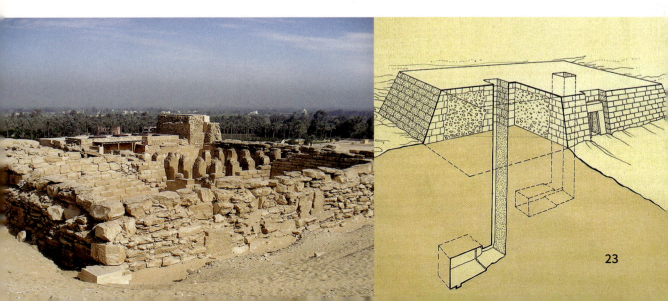

图3-8　左塞金字塔

萨卡拉，埃及，约公元前2778年
Pyramid of Zoser, Saqqara, Egypt

埃及历史上的第一座石质陵墓，也是古埃及现存的金字塔式陵墓中历史最久的一座。第三王朝的创建者、古王国法老左塞（Ding Zoser，约前2690—前2670年）设计坟墓时，发明了一种新的建筑方法，即用呈方形的石块来代替泥砖，建成一个六级的梯形金字塔——即后来金字塔的雏形，这是埃及人第一次将金字塔、葬庙及礼仪性的雕像等结合起来，以孟菲斯皇家宫殿的规格，建成了大型的皇家陵墓的综合体。

图3-9　吉萨金字塔群

开罗近郊，埃及，约公元前2723—前2653年
Pyramids of Giza, Cairo, Egypt

建于埃及第四王朝时期，主要由胡夫金字塔、哈夫拉金字塔、孟卡拉金字塔及大斯芬克斯像组成。胡夫金字塔是其中最大者，形体呈正方锥形，四面正向方位。吉萨金字塔群是埃及金字塔最杰出的代表。

图3-10　吉萨金字塔前斯芬克斯像

图3-11　俯瞰埃及金字塔

埃及人的所有建筑与景观都有着超乎寻常的巨大体量，无论是金字塔还是神庙，甚至是陵墓前的雕像，都保持着一种令人望而生畏的比例与体量。即便在今天依然能让人体验一种面对旷远神灵而产生的战栗。在这样一种境况下对于生命与永恒的思考多为一种被动的体验。

图3-12　哈夫拉金字塔
开罗近郊，埃及，约公元前26世纪中叶
Pyramid of Khafre, Cairo, Egypt

埃及第四王朝法老哈夫拉建造。初建成时，仅略矮于胡夫金字塔3.2米，现在高136.5米。现在边长约210.5米，塔壁倾斜度为52°20′，比胡夫金字塔更陡，且处在吉萨的最高处，因而在视觉上高于胡夫金字塔。哈夫拉金字塔前设有祭庙，庙前长长的堤道通向另一座河谷神庙和狮身人面像。

图 3-13 胡夫金字塔

开罗近郊,埃及,公元前2885年
Pyramids of Khufu, Cairo, Egypt

世界七大奇观之一,高146米,边长230米,占地49.2
公顷,至今仍是世界上最庞大的人工建筑,由斯奈夫
鲁(Snofru)的继任者齐阿普斯(Cheops)建造,又
称胡夫(Khufu)。金字塔比例完美,其数学的精确
性令人惊叹。外部覆盖光洁的石灰石板,内部设三个
墓室:最上部的为法老的花岗岩墓室,内置石棺;中
部称"王后墓室",但没有发现石棺;下墓室是一处
石室,向地下挖入30米,该做法与埃及人有关来世下
界生活的古老信仰相关。

图 3-14 胡夫金字塔内的大走廊
Grand Gallery

胡夫金字塔内的三个墓室由通道相连,其中的大走廊
堪称建筑工程奇迹,它斜着向上穿过金字塔的中心,
以叠涩拱挑起石灰石顶板,这是对前朝斯奈夫鲁金字
塔构造技术的继承的发展,也是古代埃及金字塔建筑
技术和艺术的辉煌顶点。

**图 3-15 构造示意图,
胡夫金字塔内的大走廊**

图 3-16　阿布辛贝神庙
阿斯旺，埃及，公元前 1300 年
Abu Simbel Temple, Aswan, Egypt

阿布辛贝神庙建于新王国时期第十九王朝，是古埃及石窟建筑中的杰出代表，全部凿岩而成。门前有四尊国王拉美西斯二世（Ramesses Ⅱ）的巨大雕像，像高 20 米。新王国时期（约公元前 16 世纪至前 11 世纪）是古代埃及神庙建造的鼎盛时期。神庙形制大致相同，除大门外，有三个主要部分：周围有柱廊的内庭院，接受臣民朝拜的大柱厅，只许法老和僧侣进入的神堂密室。大门前为举行群众性宗教仪式的地方，常有一两对方尖碑或法老雕像。

图 3-17　阿布辛贝神庙前的拉美西斯二世雕像

图 3-18　阿蒙神庙柱厅
卡纳克，埃及，公元前 1312 年
Hypostgle Hall, Karnak, Egypt

新王国时期规模最大的太阳神庙，宽 103 米，进深
52 米，面积达 5000 平方米，内有 16 列共 134 根高
大的石柱。柱极粗壮，直径大于柱间净空，造成压
抑感。细碎光点透过高低柱之间的高侧窗散落在
柱身和地面上，渲染了大厅虚幻神秘的气氛。

图 3-19　埃及神庙的巨大石柱
埃及人善用庞大的规模、简洁稳定的几何形体、明
确的对称轴线和纵深的空间布局来达到雄伟、庄
严、神秘的效果。神庙建筑取代了金字塔成为主
要的建筑形式，至今仍有许多古埃及后期建筑的
遗迹保存下来，其中大圆柱尺度都惊人的庞大，柱
身的华丽雕刻也成为建筑成就的见证。

图3-20、图3-21　德·埃·巴哈利建筑群
底比斯,埃及
Temples at Del-el-Bahari, Thebes, Egypt

德·埃·巴哈利建筑群由两座陵墓兼神庙组成,即曼特赫普庙和哈特什普苏庙。前者把传统金字塔与底比斯的石窟墓(又称崖墓)结合起来;后者巧妙地利用了地形。整个建筑群沿纵轴线布置,严整对称,两座庙的主体建筑同建在一大平台上,又与山岩和谐融合。

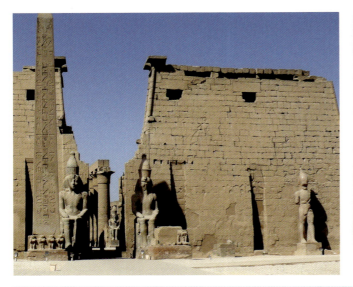

图 3-22、图 3-23　王室陵墓前的雕像
底比斯古城

图 3-24　古埃及壁画中的花园
画中反映了古代埃及人对环境的概念

<table>
<tr><td>3-22</td><td>3-24</td></tr>
<tr><td colspan="2">3-23</td></tr>
</table>

古代埃及人在建筑与景观建造上的最大贡献在于体量巨大的石造建筑：计算精确造型简单的金字塔；包括柱头、柱身、柱础和柱项及横梁在内的完备的圆柱体系；巍峨的多柱式大厅；冲天耸立的方尖碑等。埃及盛产石材，但更为重要的是埃及人以这种经久耐用的材料特性来象征永恒，完美地营造出以纪念性为特点的建筑和景观的典范。

04

经典的溯源
古代希腊的建筑与景观

历史学家将古代希腊的历史大致分为五个阶段：

爱琴文明或克里特、迈锡尼文明时代（公元前 20 世纪—前 12 世纪）；

荷马时代（公元前 11 世纪—前 9 世纪）

古风时代（公元前 8 世纪—前 6 世纪）

古典时代（公元前 5 世纪—前 4 世纪中期）；

希腊化时代（公元前 4 世纪晚期—前 34 年）

在古代世界的所有民族中，其文化最能鲜明地反映出西方精神的楷模者是希腊。作为欧洲文明的发源地，当欧洲大部分地区尚处于蛮荒状态时，希腊已经有了高度发达的物质文明和精神文明。希腊先后经历了奴隶社会由盛及衰的各个阶段，它的文明正是建立在奴隶社会的基础之上的。同时，希腊文明不仅是自身发展的结果，它与美索不达米亚和埃及文明平行或相互联系，是多元文化影响的结果。

希腊人的世界观基本上是非宗教性和理性主义的，他们赞扬自由探究的精神，使知识高于信仰。在很大程度上由于这些原因，希腊人将自身建筑与环境设计的文化发展到了古代世界所能达到的最高阶段。

4.1

爱琴海文明

公元前3000年代初,希腊爱琴海地区进入早期青铜时代。公元前2000年代则为中、晚期青铜时代,先在克里特(Grete),后在希腊半岛出现了最早的文明和国家,统称爱琴海文明。爱琴海地区的早期青铜时代最初实际上为铜石并用的时代,铜器并不多,金属冶炼技术与农业种植很可能来自东方。公元前2500—前2200年间,爱琴海地区的社会面貌发生较大变化,金属器逐渐增多,人口明显增长,海上贸易交通更为频繁,近海区域出现了较大的建筑物和城防设施。这些均表明当时的物质财富正在增加,社会分工和社会结构开始复杂起来,出现了向文明过渡的迹象。

图4-1　厄庇道鲁斯古剧场
希腊，公元前340年
Epidaurus Theater, Greece

图4-2　阿索斯圣山
希腊
Mount Athos, Greece

位于希腊恰尔基迪半岛的东部，形如手臂伸向爱琴海，风景迷人，海拔约2033米，陡峭的山壁中建有著名的西蒙佩特拉斯修道院（Simonos Petras Monastery）。

04　经典的溯源
古代希腊的建筑与景观

图4-3　提洛岛的石狮子
基克拉迪斯群岛，爱琴海地区
Stone lions of Delos, Cyclades, Aegean Sea

提洛岛位于基克拉迪斯群岛中部，在古爱琴海历史上一度是宗教、政治和商业中心，也是运送铜等金属原料通往希腊半岛的要道，其早期青铜文化在爱琴海地区居领先地位。那里出土的大理石"大地母神"偶像和奏琴吹笛者人像古朴传神，遂开希腊大理石雕刻艺术之先河。图为岛上的石狮子雕像。

图4-4　米诺斯王宫
克诺索斯，公元前1600—前1500年
Palace of Minos, Knossos

克里特首都克诺索斯的王宫。19世纪初经过大规模发掘后，克里特文明（Grete）已被证明是爱琴海文明的重要中心之一，宫殿则是克里特的最大特征，当时兴起的每个城市国家大多围绕王宫而形成。克诺索斯王宫遗址属新王宫时期，L型的建筑形制清楚，有不少壁画浮雕装饰。图为宫殿的北入口。

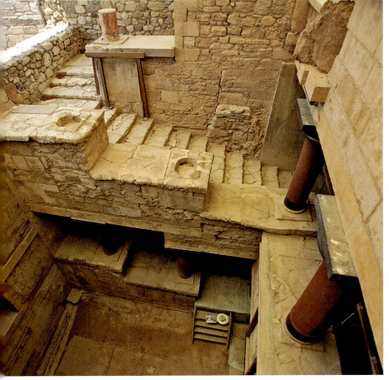

图 4-5　米诺斯王宫复原图

图 4-6　王宫遗址内部
克诺索斯，公元前 1600—前 1500 年
Palace of Minos, Knossos

有关克里特文明的考古资料，有一半以上都来自这座王宫。此宫曾多次遭到地震破坏，但每次重建后都修造得更为宏伟富丽，最终形成一组围绕中央庭院的多层楼房建筑群，面积达 2.2 万平方米。错综复杂而非对称的内部结构，使其被誉为"迷宫"。全宫以长方形中央庭院为中心（长60米、宽30米），倚山而建，地势西高东低，值得一提的是室内已包含当时独一无二的卫生设备。王宫内各处的壁画也属上乘之作，与建筑水平高度相仿，显示了克里特文明注重灵巧秀逸的特色，有别于东方各国的威严沉重。

| 4-3 | 4-5 |
| 4-4 | 4-6 |

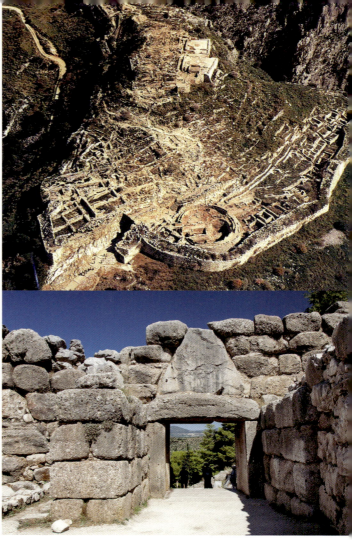

图 4-7 迈锡尼城遗址
伯罗奔尼撒半岛东北部，今希腊南部
Mycenae Site, Peloponissos

迈锡尼人和克里特的米诺斯人不是同一民族，他们从欧洲内陆由北而南进入希腊，是后来组成希腊人的最早到来的一个分支。迈锡尼文明具有自身特点，如城堡坚固、陆战力强、喜用马拉战车、尚武精神突出等。图中的迈锡尼遗址主要是国王居住的城堡，城墙用巨石环山建成，这一点有别于克里特王宫毫无防御设施的情形。城堡的"狮门"不但代表了当时设防城门的特点，也呈现纪念性建筑的意味。堡内除了建有豪华王宫，还有一个露天庭院通往正厅，正厅前有门廊，入口两侧有一对圆柱，这种大厅的基本形制是否就是希腊古典时期神庙的原形，还有争议。

图 4-8 迈锡尼城的狮子门
希腊南部，公元前 1250 年
Lion Gate, Mycenae

城门虽然只是由一横两竖的巨石构成，横梁上部是一块三角形的巨大石雕，中央是米诺斯宫中常见的圆柱，左右两边有一对狮子相向而立，整个狮门的构图粗犷而庄重，具有王者的风范。门宽3.2米，上有一长4.9米、厚2.4米、中高1.06米的石梁，梁上是一三角形的叠涩券，券的空洞处镶着一块三角形石板，面上刻一对雄狮护柱的浮雕，故名狮子门。

图 4-9 狮子门上部的雕刻

图 4-10 迈锡尼城的圆形墓场
Grave Yard

穿过狮子门，右侧是一个圆形的墓场，向前是一条通向王宫的车道，后来于公元前1200年间增加了两段供步行者用的米诺斯式的台阶。

36

柱式与建筑

迈锡尼文明从公元前1200年以后渐呈衰落之势。其后的几百年间，伯罗奔尼撒及周边地区经历了一个"黑暗时期"，宫殿被焚毁、珍宝被劫掠、工匠被遣散，但是该黑暗时期却孕有了未来希腊独特的政治社会体制——城邦国家，推动了希腊文学艺术和建筑上的繁荣。

到公元前8世纪初，希腊文化呈现出一种完整的形态，其标志即希腊语言文字的成熟。希腊文化的主要创作者是当时占人口绝大多数的多利安人（Dorians）和爱奥尼亚人（Ionian）。他们居住在为数众多的城邦之中，并相互攻战，但是文化上的认同感将他们聚合在一起，并坚信自己文化的优越性，这种观念不但被后来继任的罗马人所接受，直到今天也仍被西方的价值观所认同。这一文化在建筑上的标志便是古典柱式的成熟。

> 4-11
>
> 4-12

图4-11、图4-12　爱奥尼亚柱式与多利克柱式
Ionic Order and Doric Order

希腊古典时期确立的两种柱式，得名于爱奥尼亚人与多利亚人。两大柱式在基本结构——基石、柱子、檐部都一样，但细部结构、比例尺寸和整体精神却彼此有别，各自的发源地和分布区域也不同，其原因是希腊人在发展柱式时始终注重突出各自的民族特色。爱奥尼亚人秀雅多姿，颇得阴柔之美，故爱奥尼亚柱式又称女性柱，纤细秀美，柱头有一对向下的涡卷装饰，整体颇显优雅高贵。多利亚人勇武威严，富有阳刚之气，故多利克柱式粗大雄壮，柱头是个倒圆锥台，没有柱础，柱身或刻有槽纹或平滑，柱头没有装饰。

图 4-13 阿尔忒弥斯神庙
以弗所，土耳其，公元前652年
Tempie of Artemis, Ephesus, Turkey

古希腊最大的神殿之一，规模超越雅典卫城
的帕特农神庙，也是最早完全采用大理石兴
建的建筑之一，柱式风格采用两种柱式结合
的方式，代表古希腊建筑最成熟的风格。图
为今日遗址中残存的柱墙，底层为爱奥尼柱
式，上层为多利克柱式，底层依然可见各人
物雕像。以弗所曾是早期的希腊城市，今天
此地属于土耳其。

图 4-14 阿波罗神庙遗址
德尔斐，希腊，公元前6世纪
Temple of Apollo, Delphi, Greece

神庙建筑为希腊主要的建筑样式，阿波罗神殿是神庙建筑成熟时期的代表作。公元前6世纪前后，该类型已经相当稳定，有
了成套的做法，这套做法后被罗马人称为"柱式"。按照这种柱式，在希腊各地兴建了众多神庙。

图4-15　阿波罗神庙遗址内的柱式

阿波罗神庙外部朴实无华，内部装饰十分精美，此处的
立柱很好地体现了多种建筑风格结合的特点。

图14-16　德尔菲的考古遗址
Ruins at Delphi

图4-17　奥林匹亚的宙斯神庙
奥林匹亚，希腊，公元前470—前456年
Temple of Zeus, Olympia

典型的多立克柱式神庙。建筑平面为单排围柱式，侧面13柱，正面6柱，前殿单排双柱，殿内双列柱。神殿建立在
三层台基上，殿内安置由著名雕塑家菲狄亚斯（Pheidias）所作的高达12.2米的宙斯巨像，据说由黄金、象牙和木
材制成，被称为世界七大奇迹之一，现已不复存在。奥林匹亚的宙斯神庙是希腊本土上最大规模的神庙之一，同时
也是希腊古典时期最为纯正的多利克式建筑。

39

4.3

黄金时代

古希腊建筑的基本设计原理以石质梁柱结构体系及其构件组合而成，决定希腊建筑艺术形式的是古希腊柱式，这套体系在公元前5世纪的古典文化时期达到黄金时代。公元前5世纪，为纪念希腊人战胜波斯侵略者而建造的雅典卫城，达到了古希腊圣地建筑群、庙宇、柱式的最高水平，成为西方建筑史上的经典之作，至今仍是各界人士及热爱古典文化者们的顶礼膜拜圣地。

图14-18　仰望雅典卫城
公元前580年
Acropolis of Athens

卫城位于雅典西南部，雄踞于市中心一座高150多米的陡峭山丘上。遗址内包括道路、水井、墓穴和住宅，证明此处于公元前2800年便有人居住。卫城东西长280米，南北最宽处130米，地势险峻，仅在西面有一上下出入的信道，在战争中变身为坚固的要塞。

雅典卫城曾遭波斯人毁坏，后由雕塑家菲狄亚斯（Pheidias）重新主持修建，神庙的建筑设计师为伊克梯诺（Ictinus）和卡里克利特（Callicrates）。卫城建筑群的布局自由活泼，充分考虑个体人行在其中的活动流线及观赏顺序；建筑设计顺应地形，为照顾山上山下的观赏，主要建筑物贴近山的西、北、南三个边沿。此外，基墙与山花、檐壁上的雕刻内容与形式及观赏路线均完美统一。

图4-19　帕特农神庙的外部柱廊

帕特农神庙因全部用白色大理石构筑，如同一尊雕塑，远近视矩、视差和太阳的光影都在细部设计的考虑之中，体现了古典时期的建筑师不再拘泥于法则，而是更多的基于视觉感受而非数学的计算。这些不仅是出于技术上的考虑，也反映了希腊人的美学观念。

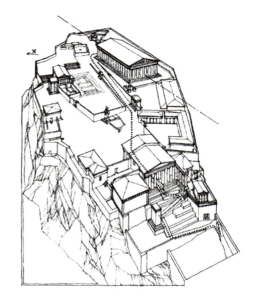

图4-20　雅典卫城鸟瞰图
虚线表示穿过通廊到达神庙的路径

图4-21　帕特农神庙
雅典卫城，公元前477—前432年
Parthenon Temple, Acropolis, Athens

雅典卫城的主体建筑，设计师为伊克梯诺（Ictinus）和卡里克利特（Callicrates）。神庙堪称多利克与爱奥尼亚式柱式的完美结合的典范，比例匀称、雕刻精致，并应用了补差拉正手法来加强效果，特别是柱子采用分段装配，每段石鼓用两个凹面接触，芯部以梢子固定，代表了古希腊多立克柱式神庙的最高成就。建筑师伊克梯诺将爱奥尼亚柱式引入室内，其细长的柱形与典雅的线条感十分适合于室内装饰。帕特农神庙被认为是西方古代神殿中最完美的一座。

04　经典的溯源
古代希腊的建筑与景观

41

图 14-22　伊瑞克提翁神庙上的女像柱

图 4-23　伊瑞克提翁神庙
雅典卫城，公元前 421—前 405 年
The Erechtheion, Acropolis, Athens

位于帕特农神庙的对面，是一座爱奥尼亚式神庙，也是重建雅典卫城山计划中最后完成的重要建筑。神庙因其形体复杂和视觉完美而著称，其精美尤其体现于建筑外部的女像柱。

卫城神庙群体现了希腊人对数学形式的审美是主观的和先验的，庙宇就是一种以空间秩序的意识去寻求比例、安全和平静的典型，是希腊人整体大宇宙观的缩微。无论其周围景观是优美还是平淡，希腊建筑并非控制景观而与风景协调。虽说希腊人普遍采用矩形建筑空间，但通过对于几何比例的刻意追求，将一种简单的造型升华到完美的地步，实现了柏拉图的基本美学思想。

图4-24 科林斯式柱头

图4-25 科林斯柱式
Corinthian Order

希腊古典建筑的第三个系统——科林斯柱式,实际上是爱奥尼亚柱式的一个变体,两者各个部位都很相似,比例比爱奥尼克柱更为纤细,仅在柱头以毛茛叶纹装饰,而不用爱奥尼亚式的涡卷纹。毛茛叶交错环绕,并以卷须花蕾夹杂其间,如同花篮置于圆柱顶端,较爱奥尼亚式的秀美更显华丽,装饰性更强。宙斯神庙采用的即是科林斯柱式。

雅典在建造辉煌的卫城建筑群时标志着自身建筑艺术达到顶峰,但同时日益显露出的霸权倾向引起了同盟国的猜忌与反感。民主制的雅典人与贵族制的斯巴达人在意识形态上的对立日益激化,终于在伊瑞克提翁神庙的建造过程中爆发了伯罗奔尼撒战争,希腊陷入了一片混乱。后地处希腊北部的马其顿(Macedonia)兴起,国王亚历山大席卷小亚细亚、埃及、叙利亚、美索不达米亚和波斯,建立了一个庞大而短命的帝国,其下诸侯将帝国分割成许多小王国,称为"希腊化王国"。希腊化文化是亚历山大征服世界的一个副产品,也是希腊文明与西亚文明杂交的产物。希腊语成为帝国的官方语言,许多城市尽管远离希腊本土,但在文化上依然遵从雅典的传统。

希腊的建筑与景观也随着希腊化的过程传播到各地,并与当地的艺术与传统结合在一起,形成了"希腊化时期"多样化的艺术与建筑风格。这个时期,神庙建筑与奢华宫殿依然在发展,对于华丽和装饰的追求使得爱奥尼亚柱式迅速传播,并由此发展出另一种更能满足装饰要求的柱式——科林斯柱式(Corinthian Order)。

图 4-26　列雪格拉德音乐纪念亭
雅典卫城以东，公元前 334 年
Monument of Lysicrates, Athens

又称奖杯亭，是科林斯柱式最为典型的建筑之一，是为著名
的剧场音乐家列雪格拉德获得最佳音乐伴奏奖而建，是保
存至今最早的古希腊建筑之一。平面为圆形，立在一个 2.9
米见方的基座上，顶上为一尊奖杯。纪念亭总高 10 余米，
外部环绕着 6 根科林斯式石柱，装饰自下而上逐渐丰富，造
型秀丽而典雅。

图 4-27　从卫城眺望古希腊时期的集市广场
远景为火神殿

希腊时期城镇规划方面取得成就可追溯到雅典的"集市广
场"（Agora）。在古典时期，集市广场是雅典市民公共生
活与政治辩论的中心，也是举行宗教、表演等活动的场所，
其最重要特点是柱廊（Stoa），并成为希腊化城市中心的
一道独特景观。柱廊通常位于集市广场的一侧，提供避风
挡雨、休闲散步的场所，也便于在此地讨论各种哲学与社会
问题。在希腊化时代，柱廊平面一般呈"U"形或"L"形，
与城市的整体布局有着对称或轴线关系。柱廊作为城邦社
会、政治、经济生活的公共空间，一直持续到希腊化时期。
对于西方城市规划和景观发展的历史而言，雅典集市广场
的意义在于它不仅是罗马广场（Forum）的直接前身，也
是后来所有城镇广场的开创先驱。

图 4-28　赫斯托菲斯神庙
雅典，公元前449年
Temple of Hehpaestus, Athens

又称提塞翁神庙（Theseion），位于雅典集市广场周边。除此神庙之外，当时一系列重要的公共建筑如元老院（Senate House）、造币所（Mint）、法院（Law Courts）、军事机构等均环绕着集市广场。

图 4-29　狄俄尼索斯古剧场
雅典卫城南侧，公元前6世纪
Dionysian Ancient Theatre, Athens

古希腊最古老的露天剧场，依山坡而建，尺度惊人而壮美。神话、史诗、戏剧是古希腊文明的重要部分，露天戏剧表演与希腊人的文化生活密切相关，也是城邦生活的重要内容，故露天剧场是希腊重要的公共建筑。该剧场足以容纳观众17000人，背景墙为配合戏剧演出需要而精心设计，堪称希腊戏剧文化的发源地。

图 4-30　厄庇道鲁斯古剧场
希腊，公元前340年
Epidaurus Theater, Greece

古希腊剧场中最优美，且保存最完好的一座，由古希腊著名建筑师阿特戈斯和雕刻家波利克里托斯设计。歌坛前的34排大理石座位依地势建在环形山坡上，次第升高，像一把展开的巨大折扇，可容纳14000人。该剧场还有个最大的特点：虽然尺度巨大却音质清晰，且坐在任何一处都能清晰听见舞台演员的声音。原因之一在于，石灰岩座位的排列方式刚好滤掉了低频杂音。不论是出于巧合还是天才的设计，这一做法都达到了奇异的音响效果。

04 经典的溯源
古代希腊的建筑与景观

图4-31　雅典风塔
公元前48年
Tower of the Winds, Athens

希腊化时期的作品,建在雅典中心广场上,是用来观测气象的建筑物,顶上有风标,平面八边形,檐壁刻有风神、日晷。

图4-32　景屋　Skene

位于古剧场乐池后面的矩形建筑,意为"帐篷"或"棚屋"。景屋的功能相当于是古希腊剧场的后台,演员在此更换服装和面具。景屋外通常设有三扇门通往乐池,有些剧场的景屋前方有一片凸出地面的表演区域,这便是现代剧场中舞台前部的雏形。

05

帝国的炫耀

古罗马时期的建筑与景观

西方古代世界的文明在希腊时代之后，到罗马帝国时代又经历了一个兴盛的时期，辉煌之极也曾令后人瞠目。罗马帝国可以用来表示所有在罗马统治之下的土地。罗马的扩张使罗马超出了一个城邦的概念，成为一个帝国，其疆域的全盛时期是罗马皇帝图拉真（Trajan，53—117）统治时期，此时总共控制了大约590万平方公里的土地，是世界古代史上最大的国家之一。

5.1

传承与革新

　　古罗马文明的发展晚于西亚各古代国家和埃及、希腊的文明。古罗马在建立和统治庞大国家的过程中，吸收了先前各古代文明的发展成就，并在此基础上创建了自己的文明，尤其是建立了复杂的国家管理系统和详密的法律体系，在军事战略、作战技术和战争机械等方面也有不少创新建树。古罗马在农业科学、数学、物理学、天文学、医学等方面都取得了很大的成就；在文学、史学、雕塑、绘画、建筑技术，包括道路建筑、城市输水工程、广场、庙宇、凯旋门、纪念碑、浴场等方面，都留下许多宏伟的遗迹，古希腊的许多杰出的艺术作品也正是靠罗马复制而流传后世的。

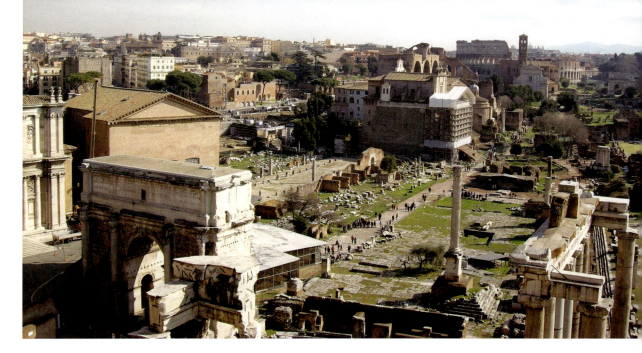

图 5-1　罗马竞技场
外立面

5-1

5-2

5-3

图 5-2　古罗马市集遗址
拉齐奥,意大利,公元前 1 世纪
Foro Romano, Region Lazio, Italy

图为昔日古罗马的发源地和市中心所在地,构造方式以天然混凝土为主要的建筑材料。这种天然混凝土以罗马附近出产的天然火山灰为活性材料,与石灰混合后作为建筑的黏合材料,在其中加上碎石作为骨料,凝结后具有很高的强度,适于构造大型建筑。使用混凝土,一方面可加快工程的进度,另一方面在建造拱顶时,建筑变成一种可塑性很强的模塑的壳,这从根本上改变了建筑师的观念:在以往的柱梁式建筑中,建筑空间只是被用柱或梁围合起来以此与外界隔开的部分,现在的建筑空间有了更加灵活自由的形状,仿佛有了自己的生命。

图 5-3　万神庙
穹顶俯瞰,罗马,609
Pantheon, Rome

万神庙的基础、墙和穹顶都用火山灰制成的混凝土浇筑。作为混凝土的骨料,建筑下层部分使用的石料硬而重,而在上层使用石料的软而轻,穹顶上部混凝土的比重只有基础部分比重的三分之二,不但节约材料和人工,而且可以大大增加跨度。

05 帝国的炫耀
古罗马时期的建筑与景观

图5-4 大角斗场外立面

局部,罗马,72—83

The Colosseo, Rome

大角斗场的结构为常见的混凝土筒形拱与交叉拱。立面高48米,分四层,底下三层为连续的券柱式拱廊,由下而上依次为塔司干式、爱奥尼克式和科林斯式,第四层为实墙,外饰为科林斯式壁柱。

图5-5 塔司干柱式

Tuscan Order

罗马最早的建筑柱式形式之一,是多立克式的一种更粗短的变体,也被认为是希腊柱式基础。

图5-6 加尔桥

法国加尔省,公元前20年

Pont du Gard, France

一座三层的石头拱形桥,是古罗马帝国时期修建的高空引水渡槽。罗马人开凿了约50公里长的尼姆水渠,为让水渠跨过加尔河,罗马人又修建了这座桥,将水引至尼姆再分给公共澡堂、喷泉和私人住宅,从而解决城里的用水问题。该桥曾为罗马文明和生活条件做出重要贡献。

拱券结构与券柱式

罗马人在建筑结构方面的成就，是在伊特鲁里亚人和希腊人的基础上，创造性地发展了梁柱与拱券结构技术，其中拱券结构是罗马最大的成就之一。先后出现的拱券种类有：筒拱、交叉拱、十字拱、穹窿（半球），成为一整套复杂的拱顶体系。罗马建筑的布局方式、空间组合、艺术形式都与拱券结构技术、复杂的拱顶体系密不可分。拱券结构之所以得到推广，另一个重要前提便是使用了强度高、施工方便又廉价的火山灰混凝土。

另一方面，罗马人创造的"券柱式"，最终完善了西方古典建筑的基本语汇。这种结构形式将拱券与柱式体系结合起来，完美地解决了柱式装饰功能与拱券、拱顶承重的矛盾：以拱券作为结构要素，以柱式作为装饰要素。拱券曲线与柱式的水平与垂直线交融于一体，形成一个具有光影效果的基本组合单元，可经过无限重复而构成任何尺度的建筑装饰立面，或是长长的拱廊。

图5-7　马可·维特鲁威与《建筑十书》

马可·维特鲁威（Marcus Vitruvius Pollio），公元前1世纪古罗马帝国凯撒·奥古斯都御用建筑师和军事工程师。《建筑十书》于公元前27年问世，成为欧洲中世纪前遗留下来的唯一建筑学专著，也是世界现存首部完备的建筑著作。书中提出"坚固、实用、美观"的建筑三原则，内容包括罗马的城市规划、工程技术和建筑艺术等各个方面。2000多年来，虽然建筑科学有了很大的发展和创新，但维特鲁威所建立的建筑学体系，仍然有着重要的参考价值。

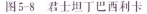

图5-8　君士坦丁巴西利卡
罗马, 306—310
Constantine Basilica, Rome

位于古罗马城中心广场东侧，又称长方形会堂，是古罗马的一种公共建筑形式，主要用作市场、集会和法庭，一般平面为长方形，室内有两排列柱，一端有半圆室，结构水平很高。穹窿及其支撑结构显得庄重，具有纪念性，这种巴西利卡成为后来基督教建筑的一种模式。

图5-9　皇家浴场
罗马
Royal Baths, Rome

古罗马时期，随着各城镇相继扩大，民众生活富足，沐浴风气盛行于社会各阶层。图中的皇家浴场为当时拱券组合的代表作。把几个十字拱同筒形拱、穹窿组合起来，能够覆盖复杂的内部空间。

05 帝国的炫耀
古罗马时期的建筑与景观

5.2

荣耀的表象

罗马人的建筑艺术的原理来自希腊，但在建筑形式的综合处理、在城市内部和外部空间的组织上比希腊人走得更远也更深入。在亚历山大大帝（公元前338年征服西亚时期）以希腊风格的理性城市规划思想取代了希腊原本的城市设计思想时，已经为后来罗马人的秩序化城市规划打下了基础。罗马人持有一种以人为秩序的方式去控制自然景观的意念，其城市景观规划在奥古斯都时代达到顶峰。虽然罗马人还是试图建立人为秩序与自然景观之间的和谐，但总的来说，罗马的象征就是在地图上笔直划过的道路。

在罗马的城市建设中，统治者的意志和审美的趣味比其他任何时期都表现得更为明显，大型纪念性建筑，如万神庙、凯旋门、纪功柱等都是罗马皇帝意志的表征。可以说，由罗马时代的宏大的城市建筑构成的帝国时代的经典城市景观，以及对融宫殿与自然山水为一体的田园情致的向往，都是以奥古斯都、尼禄、哈德良皇帝等人为代表的统治者的意志和审美趣味的集中体现，也正是这些原因，构成了罗马时代城市景观最富于魅力的独特之处。

图5-10　罗马广场
Forum of Rome

在公元6世纪后成为罗马最重要的宗教和政治中心，位于卡皮托利尼山（Capitoline Hill）与帕拉蒂尼山（Palatine Hill）之间的一片沼泽地，后来兴建的排水系统使之成为可用之地。如同雅典的集市广场（Agora）一样，罗马广场最初也是由一些商铺和神庙建筑围合起来，而广场的另一端则成为行政与司法区域。在而后的年代里，罗马广场始终是罗马城市文化的中心。

图 5-11　罗马档案馆
Archives of Rome

罗马广场在不断的建造过程中不停变化着,该档案馆是现今罗马广场上可看到的共和国晚期的唯一建筑遗存,面朝广场,于公元前78年被重建过。

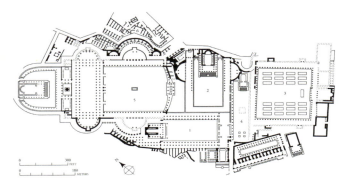

Imperial Fora, Roma (1: Form of Caesar; 2: Forum of Augustus; 3: Flavian Forum; 4: Forum of Nerva; 5: Forum of Trajan)

图 5-12　帝国广场
平面图,罗马
Plan of Imperial Forum, Rome

始于凯撒时代,凯撒是最早对罗马广场进行有计划重建的君主,他改建了朱利亚巴西亚卡(Basilica Julia),修复了艾米利亚巴西亚卡(Basilica Aemilium)。后在公元前54年左右于罗马广场西北侧增建了一个新的广场——凯撒广场。这是一个带有廊柱的长方形广场,后经不断扩建形成了与罗马广场相呼应的另一个大广场建筑群,即图中的帝国广场。

图 5-13　帝国广场
复原模型

	5-11
	5-12
5-10	5-13

图 5-14　卡斯托耳和波鲁克斯神庙

平面图,罗马

Temple of Castor and Pollux, Rome

也称双子庙,奥古斯都在位时修建,也是他任期内对罗马广场的最大贡献之一,另一贡献是重建了协和神庙。

图 5-15　协和神庙

罗马,公元前 5 世纪

Temple of Concord, Rome

奥古斯都在位时重建,是一组多立克柱式的建筑遗存,也是至今保存较完好的神庙建筑之一。奥古斯都也在公元前 2 年修建了一座奥古斯都广场,以纪念他于公元前 42 年击败谋杀凯撒的阴谋集团的功绩。

图5-16　图拉真广场

罗马

Forum of Trajan, Rome

位于帝国广场的西北部, 也是帝国广场的最后一处扩建部分。帝国广场在此后的一百多年间经过反复扩建而形成了一个巨大的皇家广场建筑群。图拉真广场的东面有一个优雅的弧形柱廊, 中央的凯旋门通向奥古斯都广场, 西面是巨大的乌尔比亚巴西利卡, 其建成的年代是公元113年。值得注意的是, 早期广场一般由神庙的位置支配, 而在这里则是巴西利卡占据主导地位。

图5-17　君士坦丁凯旋门

罗马,312

Arco di Costantin, Rome

罗马城现存的三座凯旋门中年代最晚的一座, 拱门上面的绝大多数装饰品都是取自于先前皇帝们所建造的各种建筑物。尽管凯旋门上华丽的浮雕装饰有所增加, 三座拱门也略有变化, 中间一个拱门大于两侧, 但从装饰上看, 也暴露了罗马帝国日渐衰落的印迹。

图5-18　万神庙
外观，罗马，120—124
Pantheon, Rome

罗马建筑中的划时代的作品，它的出色体现在两个方面：一是代表了古罗马混凝土建筑技术与穹顶建筑完美结合的典范，创造了最大的穹顶空间；二是罗马拱券结构与希腊柱式最完美的结合。穹顶所蕴含的巨大的造型可能性，到意大利文艺复兴时期又被进一步认识和发掘，并且创造出了极富艺术表现力的建筑，此后盛行于全欧洲。尤其到了19世纪，高耸的穹顶几乎在欧美所有的大城市里占据了中心的位置，并改变了城市景观的天际线。

图5-19　万神庙
室内穹顶

古希腊和罗马早期的庙宇，艺术表现力都在外部，万神庙却以内部空间的艺术表现为主。就万神庙本身而言，其内部结构的重要性已经超过了外部造型。圆洞的设计使阳光倾泻入内，将神像和苍天联系起来，这种无法言传的神秘感是东西方宗教所共同追求的，万神庙将这种神秘感扩大到了极致。

图5-20　罗马竞技场
俯瞰，72—83
The Colosseo, Rome

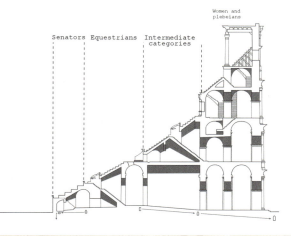

Senators Equestrians Intermediate categories   Women and plebeians

图 5-21　罗马竞技场
剖面

古罗马大型城市娱乐建筑，是所有圆形剧场中的最大者，平面呈长圆形，长径189米，短径156.4米。

图 5-22　罗马竞技场
内部三层俯瞰

　　罗马圆形竞技场的影响是巨大的，罗马时代，各地都有这样的圆形竞技场，如意大利的维罗纳、波拉，法国的尼姆、阿尔勒、奥朗日等地都有这样的竞技场保留下来，不过规模要小得多。

图 5-23　罗马竞技场外立面

图 5-24 庞培剧场
罗马
Theatre of Pompey, Rome

图 5-25 庞培剧场
复原图

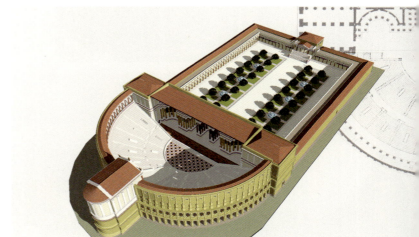

罗马首座规模宏大的剧场。罗马剧场与希腊剧场的不同之处在于形制，剧场不再建在山坡上，而是建造在平地上，同时其结构比希腊时期的剧场复杂得多：高大的立面与舞台建筑布景建立在用混凝土筑成的坚实的拱式结构之上，观众身处其中完全看不见场外风景。

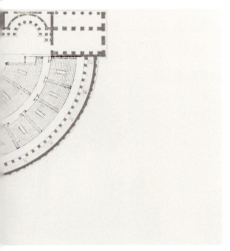

5.3

享乐的花园

　　花园作为建筑的延伸，始于罗马周围的农庄设计。罗马悠久的造园传统还得益于古代希腊的造园艺术，在希腊园林艺术的基础上发展起了大规模的庭园。到公元408年北方异族入侵意大利时，罗马城区的园庭多达1780所。住宅花园的传统来自庞贝和其他地方院落花园的发展与延续。随着富有的达官贵人和富有鉴赏力的庄园主的出现，以及他们对希腊风格和西南亚洲花园的了解，乡村住宅的优越性和意义很快被罗马人所认识。

　　古罗马的园林主要有两种类型：一类附属于城市住宅；另一类则是大型的郊外别墅，即在罗马郊区乡间的水滨山麓营造别墅花园。营造园林，在古罗马的上层社会已经蔚然成风，从帝王贵族到文人学者们都热衷此道，其中最为出众的是皇帝的别墅，或称为"离宫"，哈德良山庄是其中最为典型的一例。

图5-26　卡拉卡拉浴场
212—216
Baths of Caracalla

这座古罗马公共浴场占地16万平方米，其中浴场占地3万平方米，其余设施包括图书馆、竞技场、散步道、健身房等；浴场内设有不同温度的用水设施、蒸汽室及更衣室，整体布局与功能堪称"现代"。直至20世纪初，这座浴场依然带给现代建筑设计以灵感与启发。

图5-27 哈德良山庄中的圆形神庙遗址
柱廊为带有线脚的爱奥尼亚柱式

图5-28 哈德良山庄
蒂沃利,意大利,公元2世纪
Hadrian Villa, Tivoli, ltaly

位于罗马东郊风景优美的萨宾山脉南坡,占地约300公顷,内部宛如一个城市,包括宫室、浴场、图书馆、剧场、花园、台坛、林荫道、水池、柱廊,是古罗马历史上首次出现的最壮丽的建筑群,同时也是最大的苑囿。图为环绕着中央水池,带有雕塑的柱廊。

图5-29 哈德良山庄"圆居"遗址

图为哈德良皇帝（Hadraian，公元117—138年在位）在山庄内的居所，他曾亲自参加别墅的设计，这座建筑很可能就是出自他的构思。哈德良皇帝造园的一个重要目的，即是从精神上而非仅仅从物质上，来诠释当时罗马帝王的理念，既投身维护江山社稷的战争和政治，又热爱艺术和建筑，更潜心钻研文学和哲学。哈德良自身即是这种理念的杰出代表。

图5-30 维提之家
庞培古城
Casa dei Vetti, Pompei

典型的古罗马府邸之一，是庞贝古城至今保存最为完整的民居，原为庞贝富商维提兄弟的住宅。据说这对兄弟喜好色情壁画，因而住宅内的壁画历来都是参观重点。住宅沿中轴线布置分为两进：前一进为中庭，上部有一矩形采光口，下面为一个对称的水池；后一进是一个回廊内院，本图为后一进。

| 5-29 |
| 5-30 |

图 5-31　农牧神庙
庞培古城
House of the Faun, Pompeii

从庞贝等地发掘的住宅遗址来看,院落花园的布局几乎都是呈对称几何形布置的。一般庭院的中央是水池和喷泉,四周配置几何形的花坛,大些的园子沿中轴线排列几个不同的喷泉、水池和雕像。院落花园的四周常环绕宽阔的柱廊,这既是花园的重要部分,也是整个住宅的重要位置,因主人通常都在这里接待宾客和饮食起居。住宅内最讲究的餐厅也常与柱廊相连。气候温和的意大利,日常生活通常都能在户外进行,这也是庭院布局的重要因素。

图 5-32　城内街巷
庞贝古城

在住宅的空间里引入自然的河流和植物,也把喷泉、水池和经过修剪的树木等建筑的趣味带到自然中去,通过花架、柱廊和门窗等将建筑与自然形成互相渗透的过渡;用各种的手法来处理水和植物;用几何规则的方式来安排花坛等,是罗马时代园林的特点,这些也都被文艺复兴和巴洛克时期的园林所继承,形成了今天意大利园林的独特的风格。

06

东方的虔奉

古代印度与中国的景观

本章所论涉及东方文明包括古代印度、中国早期的文化与景观。

在古代东方，
佛陀、孔子、老子等圣贤们，
为人类的真心、良知和至善举起了智慧的火炬，
照亮了东方社会几千年的历程。

古代的印度和中国由于天然屏障几乎是互相隔离的，彼此的文化联系由佛教徒穿越崇山峻岭渗入中国而建立。印度文明基于一个大半岛，思想基础是各种宗教，其中印度的部分地区，曾经由莫卧儿人占领并建立过帝国，更多的是受到伊斯兰教的影响，其发展也应当归入伊斯兰文化的范畴。故该部分地区的建筑与景观设计历史将在第九章有关伊斯兰的景观设计章节中作为重点论述了。

中国文化的发生与发展是基于亚洲内陆的地理环境，中国文明的思想基础则是与现实生活联系得更为密切的儒学，五千年以来形成的文化对世界产生了重要影响，特别对东亚诸国，如日本、朝鲜等更为明显。

图6-1　印度佛教石窟中最负盛名的阿旃陀石窟（Ajanta Caves）的第26窟

从公元1世纪起至7世纪，阿旃陀石窟群共被开凿了29座毗诃罗窟和支提窟，这批石窟围绕着岩壁呈半圆形展开。第26窟是供信徒礼佛的支提窟，纵端为半圆形，中间有一石雕窣堵波。

6.1
古代印度文明

印度河流域文明是世界上最早的文明之一，其成就可与埃及文明和美索不达米亚文明相比。1924年，印度河峡谷中古代城市的发掘揭示了古代达罗毗荼人创造历史的伟力。早在公元前3000年的时候，印度就出现了摩亨佐·达罗和哈拉帕这些规模宏大的城市。这里曾孕育印度古代城市文明，又称为"哈拉帕文化"，是古代"印度河文明"的佐证。

丰厚的自然资源决定了古代印度人特定的生活方式：有足够的时间去沉思；饶有兴致去创造可见的世界或冥想不可见的世界。从雅利安人入侵到孔雀王朝之间的这段时间，印度的宗教与哲学逐渐影响了整个亚洲思想的发展。作为佛教和婆罗门教的发源地，又曾经受到伊斯兰教的重大影响，宗教建筑与景观在古代印度始终是主流。

图6-2 摩亨佐·达罗城遗址
今信德省拉尔卡纳，巴基斯坦，公元前2600—前1800年
Archaeological Ruins at Moenjodaro, Sind, Pakistan

从现存遗址来看，显然曾经经过严格的规划，全城分成上城和下城两个部分：上城住祭司、贵族，下城住平民；城市的街道很宽阔，拥有很完整的下水道；城里有各种建筑，包括宫殿、公共浴场、祭祀厅、住宅、粮仓等，功能很明确。

图6-3 哈拉帕遗址
沙希瓦尔，印度，公元前2000—前1700年
Harappa Ruins, Sahiwai, India

与摩亨佐达罗城遗址很相似，像是公元前2000年至前1700年时的摩亨佐达罗城遗址达罗古城的姊妹城，规模较前者更大，以农业和贸易为主要的经济来源。

06 东方的虔奉
古代印度与中国的景观

图6-4   科纳拉克太阳神庙基座上雕刻的车轮

表现太阳神驾驭马车驰骋天际的大型壁雕，是印度寺庙雕刻艺术的杰作。神庙基座上对称地刻有12对直径达3米的车轮，精细的纹饰一直雕到车辐上。前方拉战车的6匹骏马，形象生动。神庙的壁上雕满了各式各样的人物，形象多为男女相拥，表现了印度教徒追求的"梵我同一"的境界。

图6-5   科纳拉克太阳神庙
奥里萨邦，印度东部，1250
Sun Temple of Konarak, Orissa, India

印度中世纪奥里萨邦神庙的晚期代表，因采用红砂石与绿泥石为建材，故通称"黑塔"，是祀奉印度教太阳神苏利耶的神庙。神庙东向，有高厚的围墙，建筑由主殿、前殿、舞殿组成，排列在同一条中轴线上，今仅前殿保存完好，本图为前殿及其周围景观。

图6-6   佛教建筑曼陀罗
巴拉布德，爪哇，公元8—9世纪
Borobudur Temple Compounds, Java

一座由石头建成的佛教建筑"曼陀罗"（Mandala），是人类由此走向永生的一种隐喻。这个国度里几乎没有世俗的纪念建筑，所有的纪念建筑几乎都是宗教性的、有象征意义的。建筑从比例到细部，都受到一定的数理逻辑控制。虽说建筑中充满了独创性和精湛的手工艺，然而在这里几乎无视常人个性，所追求的是建筑的象征性而不是某种下意识的个性表达。这种形式在巴拉布德的佛教建筑中达到了登峰造极的地步，表现得很清楚。朝圣的路线从世俗的方形开始螺旋上升到那个象征天国的圆形，并且继续上升到了上部崇高而空旷的露台。露台端坐着超越世俗而置身于极乐世界中的菩萨，俗人所受用的生活空间显得极为次要。

06 东方的虔奉
古代印度与中国的景观

67

图6-7　埃洛拉石窟群

马哈拉施特拉帮,印度,公元4—11世纪

Ellora Caves, Maharashtra, India

经历了佛教、印度教和耆那教的兴衰,各个时期都留下不同的代表作品。埃洛拉石窟群的建造形式十分独特,有的是在岩石中整个开凿成一个独立的院落,有的则开凿成上下两层。石窟内所有的石柱和柱脚都刻有精美的雕花图案,风格各异。这种用雕刻的方式构成的建筑形式,表达了印度民族对空间的独特的认识,用这种空间来供奉印度教的神灵——湿婆,也是一种近乎狂热的宗教虔诚。

图6-8　埃洛拉石窟内的舍利子佛塔

图6-9　卧佛

阿旃陀石窟,印度,公元1—7世纪

Ajanta Caves, India

阿旃陀石窟保存着现在所能看到的印度最早的绘画,表现的题材大多是本生故事:娴熟的造型线条、饶有趣味的叙事情节、优雅妩媚的女性姿态、鲜亮的色彩与细致入微的刻画令人赞叹不已。图为该石窟群内开凿的卧佛石雕。

佛教石窟

古印度人相信大地的深处与神灵具有某种神秘的联系,因此热衷于在坚硬的山岩峭壁上开凿各种洞穴,以供僧人修行或信徒进行宗教仪式之用,这就是佛教石窟。石窟也是印度早期佛教建筑的主要形式。佛教石窟有两种类型:一种为方形小洞,正面开门,洞内三面开凿并列的小龛,供僧人在内坐地修行,称为"毗诃罗窟";另一种石窟面积较大,平面呈长方形,纵端为半圆形,半圆形中间有一石雕窣堵波。除入口处外,沿内墙面有一排柱子。塔前有空间供信徒集会拜佛,被称为"支提窟"(也称"塔庙窟")。毗诃罗窟和支提窟常相邻并存,如阿旃陀的石窟群。

图 6-10 窣堵波
桑奇,印度,公元前 2 世纪
Great Stupa, Sanchi, India

窣堵波是一种半圆形的建筑,用于掩埋佛祖释迦牟尼或其他圣徒的"舍利"(遗骨)。桑奇窣堵波是印度最大的一座,由原建于阿育王朝的一座砖砌窣堵波扩建而成。窣堵波体现了印度佛教的思想观念,中部的实心半球象征着天国的穹顶,庄严肃穆,天国围住了尘世之山,即须弥山。

图 6-11 大窣堵波的石门
桑奇,印度,公元前 2 世纪
Great Stupa, Sanchi, India

在窣堵波原有四个基本方位上,加上入口,各有一石门,高约 10 米,面朝正方位。石墙和门的形式反映了木结构建筑的传统。塔前四围的门楣上布满雕刻,吸收了波斯、希腊建筑及雕刻艺术,所表现的内容围绕佛传故事和本生故事主题:释迦牟尼是如何通过一世又一世的坚定不移、锲而不舍的修行而达到超脱轮回的最终目标。

06 东方的虔奉
古代印度与中国的景观

図 6-12 菩提伽耶寺塔
印度，公元 4 世纪
Temple Bodh Gaya, India

印度佛教的原型发源于某些地方的窣堵波，因造型逐渐发生变化，底部台基越来越高而形成高大的塔身，原本半圆形的覆钵缩小成为顶上的一支刹。佛塔通身用石头砌筑，没有层层的檐，造型与后来的中国宝塔不同。其中最著名即本例：塔底部是一个很高的台基，上面共建了五座塔——中央大塔高55米，四角是四座小塔，彼此形成鲜明对比，进一步映衬出主塔的高大雄健，塔身上布满了各种雕刻。这种布局式样被称为"金刚宝座塔"，在佛教传入中国后，也曾被仿造，如北京的正觉寺中就有类似的一座。

图 6-13　肯达利亚·玛哈戴瓦寺庙
Kandariya Mahadeva Temple, Agra, India

克久拉霍寺院群（The Khajuraho Temples Area，公元10世纪）之一的肯达利亚·玛哈戴瓦寺庙（Kandariya Mahadeva Temple），位于印度阿格拉东南方。克久拉霍地区是印度著名的古代宗教遗迹城市，尤以印度教庙宇著称，现存22座寺院。

图 6-14　克久拉霍寺庙群的雕刻

克久拉霍的寺庙群是中古时期印度教寺庙建筑与雕刻的代表，其雕刻装饰把神话与世俗题材融为一体，是印度教的艺术珍品。

06 东方的虔奉
古代印度与中国的景观

6.2
华夏艺匠

中华文明

中华民族的文化于公元前3000年左右在黄河流域孕育并成熟。五千年间,这一文化始终保持自己蹒跚而未中断的步伐。公元前6世纪,中国与希腊同时在思想和哲学上达到了极盛。公元前221年,秦始皇统一中国。

以汉民族为主体的家族单元是社会稳定的基础,外来的征服者总是被本土文化同化。通过丝绸之路,公元前5世纪的中国就开始了与西方的接触。公元元年前后,中国汉朝的人口已超过罗马帝国的人口总和。汉朝中国,营造技术先进,宫殿建筑宏大。公元960—1229年,南宋建都临安,马可波罗曾把临安城描绘成"世界上最大而最美丽的城市"。

公元1288—1368年,忽必烈入主中原,建立了元朝,迁都元大都(今北京)。在明(1368—1644)、清(1644—1911)两朝,北京也曾为都城。

中华民族热爱土地,视自己如同大地上的一切造化。因此,中国人供奉祖先,热衷传统,讲究自然风水。孔子(公元前550—公元前478)的哲学与伦理(而不是宗教)成了中国人的基本思想。与孔子的思想平行发展的还有老子的哲学。而后者对于艺术和景观的影响更为深刻。佛教传入中国,在公元7—9世纪时达到了高潮,对中国的佛教建筑、艺术及景观产生深远影响,并伴随着中国文化流传到日本等国,促进了东亚诸国的发展。

图 6-15　金山岭长城
位于河北省承德市滦平县境内，距北京市区 130 千米

长城，是古代中国在不同时期为抵御塞北游牧部落而修筑的规模浩大的军事工程的统称。长城是中国修建时间最长、工程量最大的一项古代防御工程，也是中国面积最大、历史最久的一道人文景观。金山岭长城系明朝爱国将领戚继光担任蓟镇总兵官时期（1567—1586）主持修筑。

图 6-16　秦始皇陵
骊山北麓，陕西省临潼区城东 5 千米

秦始皇（前 259—前 210）陵墓建于公元前 246 年至前 208 年，历时 39 年，是中国历史上第一个规模庞大、设计完善的帝王陵寝。陵墓筑有内外两重夯土城垣，象征都城的皇城和宫城。陵冢位于内城南部，呈覆斗形，现高 51 米，底边周长 1700 余米。秦陵四周分布着大量形制不同、内涵各异的陪葬坑和墓葬，现已探明的有 400 多个。秦始皇陵是世界上规划最大、结构最奇特、内涵最丰富的帝王陵墓之一。如同埃及金字塔一样，统治者将对永生的期望化作供后人瞻仰的景观，所不同的是秦始皇陵以未可预知的地下秘密让后人更加惶恐。

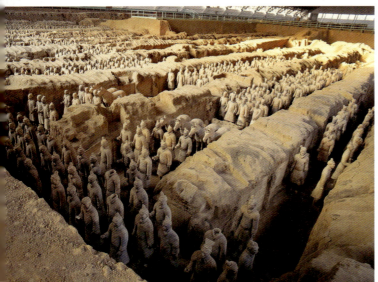

图 6-17　秦始皇陵兵马俑坑
秦始皇陵封土以东约 1.5 千米处

兵马俑坑是秦始皇陵的组成部分。现已发现三个坑，呈"品"字形排列，总面积达 2 万余平方米。兵马俑坑均为地下坑道式土木结构建筑，坑内埋藏有陶制兵马俑 7000 余件，木制战车 100 余辆。秦兵马俑皆仿真人、真马制成。其中，武士俑高约 1.8 米，面目各异，从服饰、甲胄和排列位置可以区分出它们的不同身份。

06 东方的虔奉
古代印度与中国的景观

图6-18　龙门石窟奉先寺
位于洛阳市南郊伊河两岸的龙门山与香山上

龙门石窟始开凿于北魏孝文帝迁都洛阳（公元493年）前后，后经历东西魏、北齐、北周，到隋唐至宋等朝代又连续大规模营造达400余年之久。密布于伊水东西两山的峭壁上，南北长达1千米，共有97000余尊佛像。奉先寺是龙门石窟中规模最大、艺术最为精湛的一组摩崖型群雕。它的开凿显然是受到佛教带来的印度石窟文化的影响。

图6-19　登封嵩岳寺塔

登封嵩岳寺塔，位于河南登封市城西北5千米处，嵩山南麓峻极峰下嵩岳寺内，初建于北魏正光四年（公元523年），塔顶重修于唐。经1400多年风雨侵蚀，仍巍然屹立，是中国现存最早的砖塔。塔为砖筑密檐式，也是中国唯一的一座十二边形塔，其近于圆形的平面，分为上下两段的塔身，都与印度"窣堵波"（Stupa）相当接近，是密檐塔的早期形态。

佛塔与窣堵波

根据佛教文献记载，释迦牟尼涅槃后的舍利，被分成84000份，在世界各地建塔供奉。

佛塔，亦称宝塔，原是印度梵文"Stupa"（窣堵波）的音译，也称为"浮屠"。佛塔最早用来供奉和安置舍利、经卷和各种法物。汉代，随着佛教传入中国，佛塔建筑风行。中国工匠们将印度原有的覆盆式的塔的造型与中国传统的楼阁相结合，便产生了楼阁式的佛塔，继而由楼阁式衍生出密檐式塔等。在类型上大致可分为大乘佛教的楼阁式塔、密檐塔、单层塔、喇嘛塔和金刚宝座塔，以及小乘佛教的佛塔等。

此外，佛塔的内容还被延伸，具有了更广泛的意义。塔基有四方形、圆形、多角形；塔身以阶梯层层向上垒筑，逐渐收拢；塔刹则是指佛塔顶部的装饰，位于塔的最高处，是"观表全塔"和塔上最为显著的标记。中国幅员辽阔，不同地区具有不同的地域文化特点，因此便派生出了各种不同风格、不同式样的佛塔。各种极富有建筑美感、并具有宗教纪念性的佛塔，与山川、河流、村落共同构筑了中国独特的人文景观。

图6-20　山西应县佛宫寺释迦塔

释迦塔位于山西省朔州市应县城西北佛宫寺内，建于辽清宁二年（1056），金明昌六年（1195）增修完毕，是中国现存最高、最古老的木构塔式建筑。

图6-21　云岩寺塔

又称虎丘塔，位于苏州城西北郊

始建于五代后周显德六年（959），落成于北宋建隆二年（961）。塔七级八面，内外两层枋柱半拱，砖身木檐，是10世纪长江流域砖塔的代表作。曾遭到多次火灾，顶部木檐均遭毁坏，现塔身高47.7米，从明代起，塔开始向西北倾斜。经测量，塔尖倾斜2.34米，塔身最大倾斜度为3°59′。

6-18		
6-19	6-20	6-21

中国古典建筑营造

中国传统古典建筑是构成中国风格建筑景观的重要内容。无论城楼、宫殿、坛庙，还是明清以后充分发达的私家园林，中国传统风格的景观图像中，富于中国传统特点的建筑都是最重要的组成部分。而中国古典建筑是源远流长的独立体系，与西方以石构建筑为主要特征的建筑体系形成鲜明的对照。该体系至迟在3000多年前的殷商时期就已初步形成，大致经历了商周、秦汉、隋唐、宋辽金元、明清等若干个时期，直至20世纪初，始终保持着自己独特的结构和布局原则，并形成系统的美学标准。中国古典建筑的特点可以归纳为以下各点。

其一，使用木材为主要材料，创造出独特的木构形式，以此为骨架，既达到实际功能要求，又创造出优美形体以及相应的建筑风格。

其二，创造了斗栱这一结构形式，其结构功能与美学意义可与西方古典建筑中的"柱式"相比。

其三，单体建筑的标准化与建筑组群的协调组

图6-22　五台山南禅寺
位于山西省五台县东南22千米的李家庄

寺内唐代大殿为我国已知现存最早的木构建筑。1953年发现时，寺内除唐代建筑的大殿以外，尚有明代建筑的龙王殿，清代建筑的伽蓝殿、罗汉殿、文殊殿、观音殿（山门）和东院的阎王殿、禅房等几座小建筑物。

合。建筑群的组合则遵循着一定的平面布局原则。建筑组群少则有一个庭院,多则有几个或几十个庭院,组合多样,层次丰富,弥补了单体建筑定型化的不足。平面布局常取左右对称的原则,房屋在四周,中心为庭院。组合形式均根据中轴线发展。唯有园林的平面布局,采用自由变化的原则。

其四,灵活安排建筑的内部空间布局。室内间隔采用槅扇、门、罩、屏等活动构筑物,任意划分,随时改变。庭院是与室内空间相互为用的统一体,又为建筑创造小自然环境准备条件,可栽培树木花卉,叠山辟池,为园林的营造创造条件。

此外,中国古代建筑在其体系的完备过程中,形成了丰富的文化内涵。影响建筑发展的是抽象的哲学理论、约定俗成的道德规范和具体的政治制度。其中儒家传统的礼制思想是指导建筑营造的主要思想。用象征主义的手法表现特定的主题,在宫殿建筑中表现政治制度,在宗教建筑中表现世界观,在园林景观中表现文学意境,中国古典建筑从而成为传统文化的表征。

图6-23 天津蓟县独乐寺
位于天津市蓟县

独乐寺,又称大佛寺,是中国仅存的三大辽代寺院之一。寺庙历史最早可追溯至贞观十年(636)。主体建筑观音阁为三层木结构的楼阁,因第二层是暗室,且上无檐与第三层分隔,所以在外观上像是两层建筑。阁高23米,中间腰檐和平坐栏杆环绕,上为单檐歇山顶。阁内中央的须弥座上,耸立着两尊高16米的泥塑观音菩萨立像,头部直抵三层的楼顶。因其头上塑有10个小观音头像,故又称之为"十一面观音"。面容丰润、慈祥,两肩下垂,躯干微微倾斜,仪态端庄,似动非动。虽制作于辽代,但其艺术风格类似盛唐时期的作品,是我国现存最大的泥型佛像之一。

06 东方的虔奉
古代印度与中国的景观

佛寺景观与佛山

　　佛教传入中国后，早期石窟建筑明显受到印度的影响，后期寺院建筑则更多地受到中国建筑形制的制约，并形成了寺院平面方形、对称稳重、南北中轴线布局，构成严谨的建筑群体的基本格局。中国的寺院建筑样式与宫殿相似，更多地融会了宫殿建筑的美学特征。

　　隋唐以后，佛教造巨像成风。佛寺体量宏大，其结果就是加大佛殿的体量，或改变建筑的结构形制，以适应这种大型的佛像，从而造成了与宫殿建筑不同的建筑形象。

　　佛寺散布各地，所处的环境各异。遇到特殊的地形地貌，佛寺有时很难采用规整的形式。如山西浑源县一座佛寺建在恒山的峭壁上，完全是由多座殿堂组成的寺庙建筑群。与一般佛寺不同的是，它悬挂在陡崖峭壁之上，它们的重量除依赖少数立在峭壁上的柱子之外，大部分都依靠插入石崖中的木梁支撑，在这些木梁上再立柱子、架梁枋、盖屋顶，远观整组建筑似悬挂于恒山峭壁之上，故称"悬空寺"。因地制宜的佛寺突破了传统建筑布局的规制。

　　由于佛教的发展，寺庙开始转向远离城镇的山区。山林间环境幽静，既有佛寺谋生的条件，又适宜僧人的静思修身。佛寺往往集中在风景优美的山区，佛教建筑构成山中胜景。日久天长，形成了寺庙集中的佛山，最为著名的是四川峨眉山、山西五台山、浙江普陀山和安徽九华山。

　　佛教的传播催生了佛教寺院，佛寺的聚集造就了佛山胜景。佛教文化对中国古代建筑及人文景观的影响是巨大的。

道教建筑

　　道教在中国宗教中居第二位。道教所倡导的阴阳五行、冶炼丹药和东海三神山等思想，对我国古代社会及文化曾起过相当大的影响。

　　但就道教建筑而言，却未形成独立的系统和风格。道教建筑一般称宫、观、院，其布局和形式，大体仍遵循中国传统的宫殿、寺庙体制。即建筑以殿堂、楼阁为主，依中轴线作对称式布景。与佛寺相比较，一般规模偏小，且不建塔、经幢。

6-24	6-25
	6-26
	6-27

图 6-24　悬空寺

位于山西省大同市浑源县
恒山金龙峡西侧翠屏峰的峭壁间

悬空寺以如临深渊的险峻而著称。建成于1400年前北魏后期，是中国现存最早的佛、道、儒三教合一的独特寺庙。

图 6-25　武当山南岩宫

道教著名宫观，位于湖北省丹江口市境内的武当山的南岩上。元代道士在此创建道观，元末建筑毁于火灾，明代永乐十一年（1413）重建，时有大小殿宇六百四十余间，赐额"大圣南岩宫"，清末大部分建筑复毁。

图 6-26　晋祠圣母殿

原为晋王祠（唐叔虞祠），为纪念晋（汾）王及母后邑姜而兴建。位于山西太原市西南悬瓮山麓的晋水之滨。创建于北宋天圣年间（1023—1032），崇宁元年（1102）重修，是我国宋代建筑的代表作。殿面阔7间，进深6间，重檐歇山顶，黄绿色琉璃瓦剪边，殿高19米。

图 6-27　晋祠圣母殿前的鱼沼飞梁

鱼沼飞梁是在方形水池上架设的十字形桥，为石柱木构梁式桥，其渊源可追溯到北朝，但现存的为宋代遗物。桥面石雕栏杆重修时仿古新制的。

中国古代的自然与人文景观

中国人生息繁衍于温带为主、兼有寒带和亚热带气候的广袤地域。这里有高山大川、草原戈壁、丘陵平原、河湖港汊、阡陌良田、古镇村落，森木茂密，物产丰饶，农业发达，风光满眼。天恩地予的现实感受决定了中国人的思维与哲学。

中国人认为，世间万物相倚相伏，并受到认识范围之外的自然力量的控制。倘若"天公作美"，风调雨顺，生活就会顺利得多。人们把自然界看作是一个普遍联系、不断运动的整体，由此形成朴素的自然观来解释人与自然的关系，中国人采用的是"道法自然，天人合一"的思想。中国人的自然观的根本特点是对自然的领略感悟贯穿于感知、想象、情感与理解的全部心理过程。尤其是在情感与理解两个方面着力营造的深远意境和言外之意，更给这种自然观带来了浓重的感情色彩和深长的哲理意味。"登山则情满于山，观海则意溢于海。"（刘勰《文心雕龙·神思》）

中国人与生俱来的自然观，造就了这个民族自身对于自然和景观的审美标准和态度。

图6-28 黄山奇峰

通过山川景物寄托难以言喻的人生感历史感，几乎成为中国人自然观的永恒主题。对自然山川的感悟，造就了中国的另一项艺术——山水画，而黄山则是画家关注最多的主题。明代徐霞客曾游遍全山，感叹道："登黄山天下无山，观止矣。"1990年黄山被收入"世界自然和文化遗产名录"。世界遗产委员会对黄山的评价是：黄山，在中国历史上文学艺术的鼎盛时期（16世纪中叶的"山水"风格）曾受到广泛的赞誉，以"震旦国中第一奇山"而闻名。

02

失落的文明
哥伦布前美洲的建筑与景观

古代美洲文明对于现代人具有一种独特的魅力，这种魅力大致上来自于外界对其知之甚少而又郑重其事的宗教祭礼，尽管这种祭祀甚至达到了一种难以想象的血腥残忍；这种魅力也来自这一文明神秘的出现与突然的消失。位于西半球的美洲早期文明，虽然和尼罗河流域、两河流域以及印度河流域的文明处于同一起跑线上，但是其相对封闭的地理环境与政治体制，使其在后来的文明进程中大大落后于其他流域文明的进化，甚至于被后人在很长一段时期内几乎淡忘。

古代美洲的建筑与景观的遗址主要分布区域有三个：一是以中美洲尤卡坦半岛为中心的玛雅人（Mayan）建筑与景观遗址，二是以墨西哥谷地为中心的特奥蒂瓦坎（Teotihuacan）、托尔特克（Toltec）与阿兹特克人（Aztec）建筑与景观遗址，三是南美洲以秘鲁为中心的印加建筑与遗址。

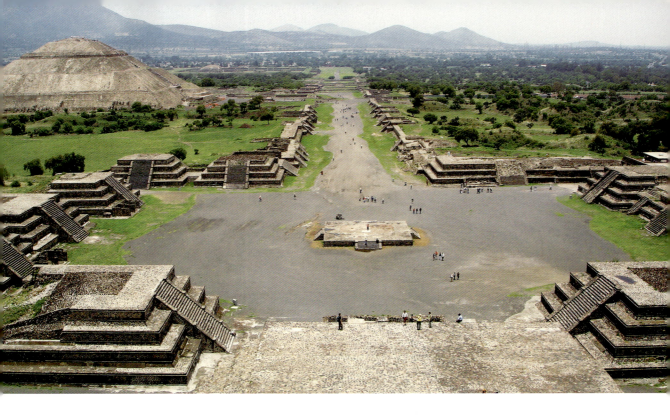

2.1

玛雅人文明

　　玛雅文明建立在太阳崇拜的基础上，因为太阳致使万物生长，五谷丰登。玛雅人还建立了自己的历法，能追溯历史，也能预示日食一类的天体现象，他们相信上苍的力量能毁灭人类在大地上建立的秩序，因此每项新的工程项目的开工，都要选择适宜的时辰。玛雅人诸神的观念是和人类的献祭联系在一起，因而建筑多用以向众神礼拜或祭祀，但除了金字塔外，还有巨大的宫殿、广场和供娱乐用的球场。随着玛雅人神秘的"消失"，玛雅城邦留下的大量宏伟的石建筑、石廊柱、石碑、石拱、石梯道和金字塔庙宇遗址均被留在雨林的最深处，若隐若现，如今至少还有80个主要玛雅遗迹仍点缀着中美洲的风景。

<table>
<tr><td>7-1</td><td>7-3</td></tr>
<tr><td>7-2</td><td>7-4</td></tr>
</table>

图 7-1　特奥蒂瓦坎古城
Teotihuacan

图 7-2　玛雅人阶梯形金字塔
帕伦克古城遗址内，墨西哥东南恰帕斯州，600—700
Palenque, Chiapas, Mexico

公元 600—700 年间是这个城市最为繁华的时期，但在公元 10 世纪左右，这座古城却消失在热带的丛林中，直到 18 世纪中期遗址才被发现。玛雅金字塔一般用来祭祀或观察天象，造型设计都有一定的空间的安排。在它们之间的空地上是圣坛或记录时间历程的石柱。后来，在托尔特克人的影响下，建筑手法变得更加精炼优美，早期外部空间的设计观念则逐渐淡化了。

图 7-3　战士神殿的入口
奇琴伊察古城，墨西哥
Temple of Warriors, Chichen Itza Ruins, Mexico

奇琴伊察古城是玛雅文明的另一处中心，战士神殿位于其东侧，是其内最显著的建筑物，外壁上布满雕刻，每年春分和秋分的黎明，太阳光就会将这些雕像的影子投射到地上，形成一条连续影像缓缓沿梯而下，没有高超的几何学和精确的天文观测知识是不可能做到这一点的。

图 7-4　奇琴伊察天文台
公元前 6 世纪
Chichen Itza Observatory

玛雅人建造的第一个也是最古老的天文台。塔顶高耸于丛林的树冠之上，内有一个旋梯直通塔顶的观测台，塔顶有观测星体的窗孔，外部石墙装饰着雨神图案。玛雅人用太阳照射在门上在屋内形成的阴影来判断夏至与冬至的到来，同时在建筑边缘放置装满水的巨大石杯，通过反射来观察星宿，以确定相当复杂却极为精确的日历系统。

07 失落的文明
哥伦布前美洲的建筑与景观

83

图 7-5　普克风格的建筑群
奇琴伊察古城
Puuc Architecture, Chichen Itza Ruins

该建筑群是奇琴伊察最令人注目的古典时期建筑之一，为普克（Puuc）风格。建筑群虽然被西班牙人起了"修女院"的绰号，这组建筑实际上是城市在古典时期的政府宫殿。

图 7-6　大球场
奇琴伊察古城

经考古研究很可能是中美洲最好的球场，有着两堵长83米，高8.2米的并行墙；中间相隔27米，球场的两端分别建有庙宇。蹴球既是当地人的休闲活动，也具有宗教意义。正式的比赛常被认为是天上神明或地下世界的主宰之间的斗争，球本身代表太阳。但球场的竞赛究竟具有何种宗教意义，至今仍是个谜，但墙上浮雕显示着一些被砍了头的竞技者，这说明比赛往往是以一方的死亡而告终的。

7-5		7-7	
7-6			
		7-8	

图 7-7　特奥蒂瓦坎古城遗址
墨西哥，公元前200—700年
The Teotihuacan ruins, Maxico

图 7-8　"亡灵大道"与太阳、月亮金字塔
特奥蒂瓦坎古城，墨西哥
Way of the Dead, Pyramid of the Sun and Luna

许多的古代城市大都是自然形成的，即使是像罗马那样举世闻名的大都市，也处处可见杂乱无章与不合理的布局，而特奥蒂瓦坎的城市建筑却处处经过精心设计。全城采取网格布局，构成一个巨大的几何形图案，整座城市规模巨大、中心突出。城市布局的特点是，主要建筑沿城市轴线亡灵大道布置，代表是太阳神金字塔、月亮神金字塔、羽蛇神庙等；各建筑群内部对称；形体简单的建筑立于台基上；以57米为城市的统一模数；居住建筑内部有庭院采光通风。

2.2
特奥蒂瓦坎之谜

特奥蒂瓦坎古城遗址坐落在墨西哥波波卡特佩尔火山和依斯塔西瓦特尔火山山坡谷底之间，面积250公顷，距墨西哥城40公里，是美洲印第安文明的重要遗址。

古城以几何图形和象征性排列的建筑遗址及其庞大规模闻名于世。据留存的建筑遗址和出土的文物判断，在公元5世纪的全盛时期，特奥蒂瓦坎是墨西哥的圣城，是西半球最大和最重要的城市，也是当时世界上屈指可数的大城市之一。公元6—7世纪时，城中的居民可能多达20万左右。当年这里的居民创造了光芒四射、辉煌灿烂的文化。高耸的金字塔、华丽的宫殿、宏大的建筑、排列整齐的宽阔的街道和高度发达的文化。举世闻名的太阳神金字塔和月亮神金字塔，更是对当地后来的建筑产生了深远的影响。

07 失落的文明
哥伦布前美洲的建筑与景观

图 7-9　太阳金字塔
特奥蒂瓦坎古城,公元 2 世纪
Pyramid of the Sun

特奥蒂瓦坎古城遗址内最大的建筑,坐落于亡灵大道的中央大道东侧。整体用土和石头堆砌而成,高 65 米,南北长 222 米,东西宽 225 米,四个坡面从底部到顶端共有 5 层,总体积约为 100 多万立方米。特奥蒂瓦坎城内所有的建筑物,包括宫殿和民房,都与太阳金字塔的方向严格一致,坐东朝西,表示太阳在天上的运行轨迹,提示这座城市的建造者意识到太阳对他们的重要意义,当时的人们将丰富的天文学、数学和测量学知识,应用于金字塔建造。

图 7-10　月亮金字塔与月亮广场
Pyramid of the Luna

坐落于亡灵大道的北端,高 46 米,低于太阳金字塔,顶部已经坍塌。月亮金字塔比太阳金字塔晚建成 150 年,规模小于太阳金字塔,却建造精细。月亮金字塔内也有好几层结构,属于不同时期的建筑。月亮金字塔下是月亮广场,广场中央是一座四方形祭台,特奥蒂瓦坎重要的宗教仪式都在这里举行,月亮广场的建筑讲究对称,给人宽广宏伟的感觉。

图 7-11　羽蛇金字塔神庙
特奥蒂瓦坎古城
Temple of Kukulkan

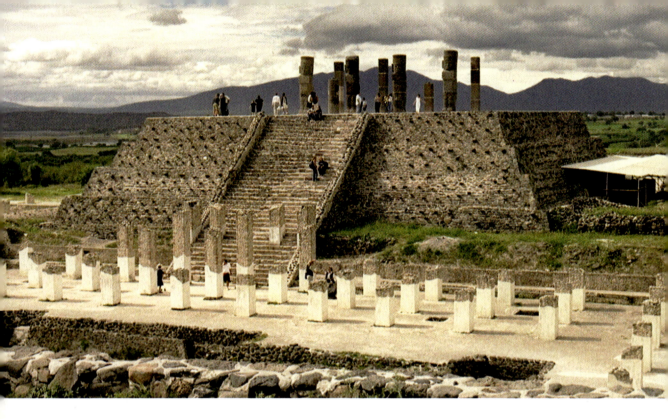

图7-12 羽蛇金字塔上精美的雕刻

又称奎扎科特尔神庙,奎扎科特尔即阿兹特克语中的"羽蛇之神",最鲜明的特征是西面墙上的羽蛇头像,为了突出这些羽蛇头像,故名"奎扎科特尔神庙"。特奥蒂瓦坎整个城市,曾被认为是为了赞美羽蛇神创造一个使天地联系更密切的新世界而建立。图中所示金字塔神庙位于"城堡"广场东部,塔身四级,各级墙上整齐地雕有精神饱满的羽蛇和雨神头像,总共336颗。

图7-13 图拉城
今墨西哥伊达尔哥州
Tula, Hidalgo, Mexico

图拉城是托尔特克文明中的一个重要文化遗址,是在1942年开始重新修整的。图拉城古文化遗址,分布在一个每边长约120米的四方形广场的周围。它的北面有一个最大的神庙,是托尔特克人祭祀金星的所在,此外还有太阳神庙、烧焦的宫殿、球场、祭坛和起居室等,布局讲究对称,有排水设备,且大量地应用了模制土坯(即日晒砖)。图拉城面积约13平方公里,人口最多时达6万。公元1156年奇奇迈加人攻陷图拉城,于是托尔特克人在中部高原地区的统治便随着图拉城的陷落而终结。

7-9	
7-10	7-13
7-11	
7-12	

2.3

墨西哥谷地

托尔特克人(Toltec)原是居住在墨西哥北部的一支游牧民族。大约在公元800年左右已经进入阶级社会,并开始南迁到中部高原地区。在南墨西哥人的心目中,托尔特克人几千年来都一直是智慧的象征。在古代美洲印第安人建筑发展史上,托尔特克人以创造和使用圆柱而闻名,多柱的大厅成为一种新的建筑类型。公元856年,托尔特克人开始营建规模宏大的图拉城。公元967年,托尔特克人远征达金和奇琴伊察,并在那里建立了新的玛雅托尔特克城邦。

图7-14 蒙特阿尔班考古遗址

墨西哥

Monte Albán, Mexico

墨西哥最古老和最宏伟的圣地城市，城市中心区伸展于一座山巅之上，属于墨西哥古代阿兹特克人（Aztec）所创造的印第安文明。考古发现证明了蒙特阿尔班作为印第安文明古典期的文化和艺术中心之一的繁荣盛况，由于受到特奥蒂瓦坎的影响，蒙特阿尔班城市布局恢弘，建筑物大多气势雄伟。

图7-15 特诺奇蒂特兰古城

复原图，今墨西哥城

Tenochtitlan City

阿兹特克帝国首都，位于今墨西哥首都墨西哥城处。在16世纪西班牙人入侵之前曾是古代墨西哥最繁荣的大都市，拥有人口20—30万，城市的建筑和艺术也达到相当高的水平。特诺奇蒂特兰的公共建筑物多以白石砌成，宏丽壮观，城中心的主庙基部长100米、宽90米；一般房屋的周围，在固定在水面的木排上种植花草，形成水上田园。阿兹特克人具有高度的建筑水准，后来的墨西哥人民正是在特诺奇蒂特兰的废墟上建立了墨西哥城。

图7-16 库斯科古城

秘鲁南部，11世纪

Plaza de Armas of Cuzco, Peru

秘鲁南部著名古城，古印加帝国首都库斯科城，秘鲁人称其为"安第斯山王冠上的明珠"和"古印加文化的摇篮"，"库斯科"在克丘亚印第安语中的意思是"世界的中心"。古城中精美的石砌墙垣和太阳庙遗址等古印加文明的痕迹比比皆是。图为今日库斯科城内俯瞰圣地亚哥武器广场。

图7-17 马丘庇丘古城遗址

秘鲁，约1500

Machu Picchu, Peru

| 7-14 | | 7-16 | 7-17 |
| 7-15 | | 7-18 | |

2.4

印加人文明

　　印加人（Incas）是美洲印第安人的一支，"印加"在当地印第安语中的意思就是"太阳的子孙"。与其他印第安部落一样，印加人视太阳为他们最重要的神灵，在很多印加遗址中，都能看到印加人对太阳神的崇拜。原本生活在现在玻利维亚境内的的喀喀湖（Titicaca）畔，10世纪以后逐步北迁，一路征战，于1243年来到现今秘鲁库斯科（Cuzco），并在瓦纳卡里山一带扎下营寨。根据印加人的传说，当时的首领是曼科·卡帕克为了追求奢华享受，决定修建一座城市。从此直到1532年印加人的末代首领阿塔瓦尔帕被杀害，印加国的人们在整整3个世纪内一直不断忙于建造该城市。

图7-18　马丘庇丘古城遗址
内部

距离库斯科古城120公里左右，整座遗址位于海拔约2350米的山脊上，因其独特的地理位置，成为理想的军事要塞。整体建筑为印加传统风格，以石料砌成，并巧妙依附地形起伏，使3000多级石阶由城脚通至城顶。

02 失落的文明
哥伦布前美洲的建筑与景观

图7-19　精致的石制品

印加文化所特有，每块石头都各自分别加工处理过，阳刻或阴刻，以求与边上的石块相互结合，同时亦为了防震。

图7-20　太阳神庙

库斯科古城，秘鲁
Coricancha, Cuzco, Peru

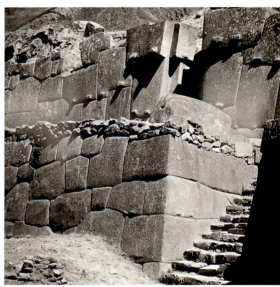

图7-21　印加人发展的独特道路系统

Inca Trail

| 7-19 |
| 7-20 |
| 7-21 |

08

圣洁与崇高
欧洲中世纪的建筑与景观

欧洲的"中世纪",指的是罗马帝国灭亡之后到文艺复兴之间的这一时期。这个时期,曾经的古典传统被抛弃,精湛的艺术技巧失传,文化生活似乎倒退到了洪荒时代,故将其称为"黑暗中世纪",这一观点也曾被许多历史学家沿袭。但现代研究则认为:中世纪非但不"黑暗",相反,它正是近代欧洲各民族国家形成的时期。在原罗马帝国的东部地区,中世纪时期出现了拜占庭和伊斯兰这两种新的文明:拜占庭帝国曾强盛一时,一直持续到15世纪;对伊斯兰文明来说,中世纪恰恰是一个蓬勃发展的时期。在建筑与艺术的领域,中世纪也是各种传统因素相互交融、碰撞的时期,为其后的文艺复兴运动奠定了基础。因此,当代学者在论及"中世纪"时,已不再抱有贬低的意味了。

事实上,欧洲中世纪是一个非常宽泛的概念,它不仅包括一个极为广阔的地理区域,而且又包括一个时间上的巨大跨度。因此无法用简单、抽象的定义来概括欧洲建筑、环境和景观在中世纪中的发展过程,而只能借助一些较客观的事实来澄清长期以来人们对中世纪模糊的认识。

图 8-1 锡耶那塔楼　意大利 Tower of Siena

8.1

基督的胜利

对西方中世纪文化、建筑及环境具有深远影响的是中世纪的基督教修道院制度。基督教引入了一个全新而简单的理想：博爱。在罗马帝国行将覆灭之际，基督教所倡导的寄希望于天国在当时的混乱之世是易于深入人心的。而修道院制度不仅具有一种独特的宗教功能，而且它促成了与大众化教会有别的精英式的僧侣教团的形成。其独特的补赎理念和组织形态，具有影响深远的社会文化功能，是欧洲文化传统形成的重要因素。一般而言，修道院在这几方面具有重要影响：在文化的传承上，它使因蛮族入侵后湮没的罗马文化得以保存；在教育方面，修道院把拉丁基督教文化带入了蛮族社会，尤其在农民阶层中开启文化教育；在经济上，修道院不仅通过自给自足的、独立的经济形式发展出一种独特的财富占有形式，而且发展出清贫劳动的中世纪经济伦理。在基督教占据绝对主导地位的一千年间，基督教堂和修道院始终是欧洲建筑的主体，其中拜占庭建筑的风格影响十分广泛，而在罗马风建筑之后兴起于西欧的哥特式教堂则体现中世纪建筑的最高成就。

图8-2　圣米歇尔山修道院
诺曼底海岸，法国，8世纪
Mount Saint Michel, Normandie, France

图8-3　圣米歇尔山修道院
内部庭院

图8-4　圣米歇尔山修道院
俯瞰全景

公元8世纪，阿夫朗什镇（Avranches）主教奥伯特（Aubert）遇天使长米歇尔显灵，故在岛上最高处修建一座小教堂，奉献给天使长米歇尔，成为朝圣中心，故称米歇尔山。公元969年在岛顶上建造了本笃会隐修院。1211—1228年间在岛北部又修建了一个以梅韦勒修道院为中心的6座建筑物，具有中古加洛林王朝古堡和古罗马式教堂的风格。

8-2	
8-3	8-4

08　圣洁与崇高
欧洲中世纪的建筑与景观

8.2

耶稣的圣殿

　　基督教对信念的表达，与现实世界对古典宁静的理解以及与罗马人对土地的立场是相对立的。景观的轮廓线在光线单调的北方尤为重要，除了那些建有城堡的地方之外，其他地方都以指向天空的塔楼和教堂的尖顶作为城镇与村庄在视觉上的标志。中世纪的人们并不想将自己的个性强加在自然景观之上，而是期望自己像森林一样有机地成长于大地，成为景观的一个组成部分。花园是种植蔬菜和药材的地方，也只是建筑的一个延伸部分。这种被围墙包裹或完全开敞的户外空间逐步在各个居民点形成了一定的景观设计形制。此外，教堂的钟声不时地召唤众信徒去教堂，成为个人与神灵对话的场所，同时也是人们逃避严酷的自然气候、战争、饥荒的精神避难所。

图8-5　塔楼与广场

锡耶那，意大利

Tower of Siena, Italy

塔楼高达94米。锡耶那地区是欧洲中世纪城市的代表，整个城市的设计以中心广场为重点，与周围的风景协调一致。

图8-6　神圣罗马帝国皇帝家族的双塔

锡耶纳，意大利

Towers of San Gimignano, Siena, Italy

图8-7 丰特莱的西多会修道院
法国
Cistercian Abby of Fontenay, France

1098年，圣罗伯特·德·莫勒姆斯（St. Robert de Molesme）有感于本笃修道院里出现的松懈、享乐风气，决心改革。他在法国西多（Citeaux）的地方建立了一个新的修道派别——圣西多会。1119年，西多会章程问世，修道院制度至此有所变化。

丰特莱的西多会修道院是欧洲最古老的西多会修道院之一。这个修道院是1119年由圣·伯纳尔德在一片沼泽区的山谷中建造的。修道院至今还保持着华贵的罗马式建筑风格，除了餐厅被毁坏，其他空间都完好保存下来，包括教堂、宿舍、回廊、会议厅、锅炉房、修道院院长的住所等。修道院连同这些建筑物一起，为后世勾勒出一幅早期修道士社会自给自足的理想画卷。

图8-8 丰特莱的西多会修道院
回廊

图 8-9　圣安布罗斯教堂
米兰,意大利,1098
Basilica di Sant'Ambrogio, Milano, Italy

罗马式教堂,发源于公共建筑"巴西利卡",其建筑特色主要表现为厚实的石墙、狭小的窗户、半圆形拱门、低矮的圆屋顶、逐层挑出的门框、上部以圆弧形拱环为装饰、堂内形成交叉的拱顶结构,以及层叠相重的连拱柱廊等。因其大量使用立柱和各种形状的拱券,表现出厚重的力度和敦实的框架,而给人一种敦厚、均衡、平稳的感受。罗马式教堂在整体布局上则表现为室内有较大的空间,横厅宽阔、中殿纵深,在平面上构成十字架形,以象征其基督宗教信仰。

外部立面的一个变化就是钟楼被组合到教堂建筑中。钟楼通常在教堂一侧,有时十字交点和横厅上也有钟楼。从这时起,在西方无论是市镇还是乡村,钟塔都是当地最显著的建筑和景观的制高点。钟塔的建立在现实意义上是为了召唤信徒礼拜,但是在战争频繁时期也常兼作瞭望塔用。罗马式教堂分布十分广泛。

图 8-10
洗礼堂与比萨大教堂及周围的斜塔
意大利,12 世纪
The Pisa Baptistry, Italy

图 8-11　比萨主教堂正立面
意大利, 1063
Pisa Cathedral, Italy

意大利中世纪最重要的建筑群之一，罗马式教堂，为纪念 1062 年打败阿拉伯人、攻占巴勒摩而造。主教堂是拉丁十字式的，全长 95 米，四排柱子，中厅用木桁架，侧廊用十字拱。主教堂正面高约 32 米，有四层空券廊作装饰，形体和光影都有丰富的变化。

<table>
<tr><td>8-11</td><td>8-12</td></tr>
<tr><td colspan="2" align="center">8-13</td></tr>
</table>

图 8-12　圣塞尔南教堂
图卢兹, 法国, 13 世纪
Saint Sernin, Toulouse, France

图 8-13　圣克莱门特教堂
奥赫里德古城, 马其顿南部, 1295
Church of St Clement, City of Ohrid, Macedonia

奥赫里德古城里最著名的中世纪建筑之一。古城是马其顿第七大城市，曾一度有 365 座教堂，故得名"巴尔干的耶路撒冷"。

08 圣洁与崇高
欧洲中世纪的建筑与景观

图 8-14　奥赫里德古城
马其顿南部
City of Ohrid, Macedonia

图 8-15　科隆大教堂
鸟瞰，德国，1248—1880
Cologne Cathedral, Germany

具有早期基督教建筑的朴素风格，重建后的大教堂被誉为"欧洲中世纪建筑艺术的精粹"。哥特建筑就是欧洲封建城市经济占主导时期的建筑。从审美层面看，罗马式建筑较宽大雄浑，但显得闭关自守，而哥特式建筑表现出一种人的意念的冲动，不再是纯粹的宗教建筑物，也不再是军事堡垒，而是城市的文化标志，表明在最黑暗的中世纪获得一点有限的自由，如同一丝现实世界的阳光透进了黑暗的中世纪。

图 8-16　科隆大教堂
正立面

图8-17 乌尔姆大教堂
鸟瞰，德国，11—13世纪
Ulmer Cathedral, Germany

教堂的钟塔高达161米，形体向上的动势十分强烈，轻灵的垂直线直贯全身。不论是墙和塔都是越往上分划越细，装饰越多，也越玲珑，而且顶上都有锋利的、直刺苍穹的小尖顶。不仅所有的顶是尖的，而且建筑局部和细节的上端也都是尖的，整个教堂处处充满向上的冲力。

图8-18 乌尔姆大教堂
正立面

8-14		8-17
8-15	8-16	8-18

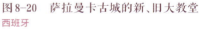

图 8-19　沙特尔大教堂
法国四大哥特式教堂之一，12 世纪
Chartres Cathedral, France

图 8-20　萨拉曼卡古城的新、旧大教堂
西班牙
Cathedral from the Old City of Salamanca, Spain

旧教堂建于 12 世纪，形状像城堡。新大教堂紧邻旧大教堂，建于 1512 年，是西班牙最后一批哥特式的建筑之一。

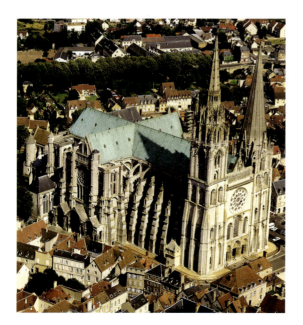

图 8-21　圣索菲亚大教堂
外观，今伊斯坦布尔，土耳其，532—537
Hagia Sophia, Istanbul, Turkey

拜占庭建筑艺术最出色的代表作。整个平面是个巨大的长方形，从外部造型看，为一个典型的以穹顶大厅为中心的集中式建筑；从结构来看，拥有既复杂又条理分明的受力系统；从内部空间看，教堂不仅通过排列于大圆穹顶下部的一圈 40 个小窗洞，将天然光线引入教堂，使整个空间变得飘忽、轻盈而又神奇，增加宗教气氛，而且也借助建筑的色彩语言，进一步地构造艺术氛围。

1453 年 6 月，奥斯曼土耳其苏丹穆罕默德攻入君士坦丁堡，下令将大教堂改为清真寺，将教堂内拜占庭的壁画以灰浆遮盖，再绘上伊斯兰图案，并在周围修建 4 个高大的尖塔。从此，大教堂成为伊斯兰教徒的礼拜堂。直到土耳其共和国建立以后，伊斯兰教徒全部迁出。1932 年土耳其国父凯末尔（M. Kemal Ataturk, 1881—1938）将圣索菲亚大教堂改成向公众开放的博物馆，长期被掩盖的拜占庭马赛克镶嵌艺术瑰宝也得以重见天日。同时，伊斯兰教和基督教的建筑艺术也在此奇妙和谐地共处。

100

8.3 上帝的花园

当整个欧洲尚处于中世纪的黑暗之中，唯有修道院维系着一丝文明的光明。十字军东征从东方带回了东方的植物和伊斯兰的造园艺术，在修道院中得以保存。当时的修道院常在院中方形庭院里栽种玫瑰、紫罗兰、金盏草以及各种药草，并在四周建起传统的罗马柱廊，从而奠定了修道院的"寺园"（Cloister Garth）的形式，从某种形式上讲，中世纪的"寺园"也是一种宗教的工具，其艺术上是象征和寓意的。所有与花园有关的艺术也大都限定在宗教的环境里。

另一方面，花园艺术也体现在有围墙的家庭院落花园和城堡中带有花台、喷泉、亭子的内院中，其间也可能受到东方风格的影响。除花园之外，大型景观规划在当时全凭直觉控制，而非有意识的设计。这个时期的自然观对后世的影响主要有两个方面：一是启迪了18—19世纪浪漫主义；二是建立了理性的景观设计审美标准，这种标准是基于农场、修道院、城堡和城镇形态，以对称结构为特征。

图8-22 莫瓦萨克修道院
回廊式院庭

图8-23 莫瓦萨克修道院
鸟瞰，法国南部，1100
Moissac Abbey, South of France

图8-24 石头修道院的回廊内庭
塔拉戈纳，西班牙，12—18世纪
Stone Monastery, Zaragoza, Spain

图8-25 波布雷特修道院的庭院喷泉
塔拉戈纳，西班牙
Monasterio de Poblet, Tarragona, Spain

图8-26 皇宫拱廊与广场
阿兰胡埃斯，西班牙
Royal Palace, Aranjuez, Spain

整座阿兰胡埃斯城位于西班牙中部，马德里以南。阿兰胡埃斯的文化景观体现了许多复杂的关系，比如人类活动与自然的关系、蜿蜒水道与呈现几何形态的景观设计之间的关系、乡村和城市之间的关系，以及森林环境和当地精美建筑之间的关系。数百年来，西班牙王室对此倾注了许多精力，今天在阿兰胡埃斯不仅能看到人道主义和政治集权的观念，还能领略到18世纪法式巴洛克花园的特色，以及启蒙运动时期随着植物种植和牲畜饲养所发展起来的城市生活方式。

8-22	8-24
	8-25
8-23	8-26

08 圣洁与崇高
欧洲中世纪的建筑与景观

中世纪的庭园似乎已经不再像古代罗马别墅园的那样奢华，但仍修剪得精致有道，常常还设有带有象征含意的小路或水流（象征着流过伊甸园的河流）。这些庭园差不多都有一些基本的特点：如四方的围合空间、规则式的场地分隔、高出园中小径的花床、水渠、格架凉亭等。除此之外，果树和其他的植物象征着天堂在绿色的丛林里的再生。

图8-27　皇宫内的侧院
伊斯兰风格,阿兰胡埃斯,西班牙

图8-28
皇宫庭院内的中式风格小品
阿兰胡埃斯,西班牙

09

灿烂的花园
伊斯兰的建筑与景观

发源于美索不达米亚的西亚文明，随着亚述人、波斯人和萨珊人的文明进步而得到了拓展。在后来伊斯兰文化的影响下，中部文明向西扩展到欧洲的西班牙，向东传播到印度，与以埃及文明为基础的西方文明平行发展，互相之间有着密切的接触与冲突，在观念上有着持续的交融和抗争。相对而言，发源于黄河的华夏文明的历史更为久远，发展形态更为稳定和独立，世界文化大体上体现为东、西方（主要是欧亚大陆）两大体系。伊斯兰不仅是一种宗教，也是一种文化和社会制度，也是一种人类的生活和思考方式。西亚地域特定的自然环境以及独特的思维方式，奠定了当地的景观形态，穆斯林们创造了自身所能够企及的最灿烂的景观文化，并且对东西方，特别是欧洲的景观和造园设计产生重要的影响。至今，植根于西亚的景观设计思想仍然在世界景观设计领域中占有一席重要的地位。

图 9-1　泰姬·玛哈尔陵
印度
Taj Mahal Mausoleum

9.1
西亚的伊斯兰世界

公元600年到1000年间，随着伊斯兰教的出现，穆斯林文化得以发展。与亚历山大一样，穆斯林征服了整个中东地区。阿拉伯语言和伊斯兰教是这个世界的两条基本纽带：统一的语言沟通了不同人种；统一的教义为社会提供了行为准则，为伊斯兰教的发展与传播提供了文化条件。阿拉伯人的疆域扩张，始于以哈里发（Khalifah）作为世俗领袖所开启的征服战争，于636年击败拜占庭人，后席卷埃及与波斯。711年，穆斯林远征军穿过直布罗陀海峡，征服西班牙，进入法国南部。715年，占领印度西北部的信德省。这个产生于荒漠的宗教集团在100年内发展成为一个横跨欧亚，西至比利牛斯山脉、东至信德，从摩洛哥到中国边境的庞大帝国。

图9-2 耶路撒冷古城及城墙
Jerusalem

位于亚洲西部巴勒斯坦地区的中部,同时是犹太教、基督教和伊斯兰教三大宗教的圣地。穆斯林区(Muslim Quarter)位于老城东部,包含著名的萨赫莱(岩石)清真寺。萨赫莱(岩石)清真寺与哭墙相邻,建在犹太教圣殿的遗址上,因此成为犹太人与穆斯林宗教冲突最为激烈的地区。

图9-3 克尔白
麦加,沙特阿拉伯
Kodah, Mecca

阿拉伯语意为"方形房屋"。麦加城圣寺中央的立方形高大石殿,为穆斯林做礼拜时的正向,又称"天房"。"麦加朝觐"是伊斯兰教的五项功课之一,至今每年朝圣者仍以数十万计。克尔白最初是一圈围墙,中有圣泉,后经历代哈里发与苏丹扩建,成为现存样子。

图9-4 萨赫莱(岩石)清真寺
耶路撒冷,688—692
The Dome of the Rock, Jerusalem

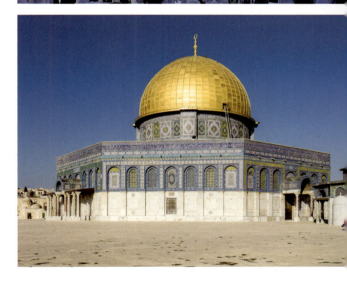

又名圆顶清真寺,大马士革哈里发时期最大的两座礼拜寺之一,相传穆罕默德"登霄"前曾在它基地上的岩山上停留过,后在此建清真寺。该寺布局属集中式,平面呈八角形,中央有一夹层的穹窿,直径20.6米。其格局说明早期的伊斯兰建筑主要受拜占庭与叙利亚的影响。

09 灿烂的花园
伊斯兰的建筑与景观

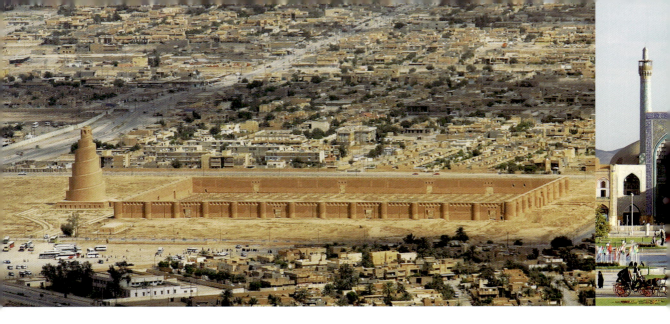

图9-5 萨马拉大礼拜寺遗迹
今伊拉克,848—852
Great Mosque of Samarra, Iraq

现存巴格达哈里发时期最早的建筑遗迹。
平面呈238×155米,中有内院,基地上共有
柱子464根,寺北有螺旋形邦克楼,高50米。

伊朗伊斯法罕的布局为一个自然景色环抱的城池。但是,当时城市绿化的概念尚不成熟,以唯美为主导。有纪念意义的桥梁像触角一样伸向乡村;花园序列清晰,平面布置以伊斯兰特有的可自由增生的正方形和长方形平面构成;在城镇规划上,有时也避免了完全对称的布面。

图9-6 萨马拉大礼拜寺的邦克楼
Minaret of Samarra

图9-7　皇家广场
伊斯法罕,伊朗,17世纪
Naghshe Jahan Square of Isfahan, Iran

建于阿拔斯一世（Abbas Ⅰ,1571—1629）统治时期,伊斯法罕发展成为当时世界上最美丽的城市之一。该广场四周由一系列的二层拱廊与巨大的建筑相临或相连,如皇家清真寺、圣路得富拉清真寺大门、阿里加普宫大门和加萨里亚市场大门等,见证了当年鼎盛时期的波斯社会和文化生活。

图9-8　皇家清真寺
伊斯法罕皇家广场,伊朗
Royal Mosque, Isfahan, Iran

今名"霍梅尼清真寺"。整体立面简洁,布满精美的琉璃镶嵌,拱顶和宣礼塔上装饰着土耳其蓝瓷砖,故也被称作"蓝色清真寺",其清新的蓝色与以黄色为基调的城市形成鲜明对照。在伊斯兰城市中,除了住宅和花园之外,清真寺成为主要的聚集场所,后来的穆斯林又在清真寺旁边添加了"穆特拉斯赫"（Medresseh）即伊斯兰教学院,用于研修和学习伊斯兰教义。按照伊斯兰的信仰,清真寺的单体建筑并不奢华,只是利用穹顶,通过方圆联系来象征连天接地的建筑概念。城市和建筑物的布局与建造按照战略上的需要或其他实际功能实施,城市的景观功能服从于生存的需求。直到奥斯曼帝国时期,才出现了一些束缚较少的景观设计。

图9-9　哈柱桥
伊斯法罕,伊朗,1660
Khajou Bridge, Isfahan, Iran

跨越伊斯法罕扎因达鲁德河,在一座古桥的基础上改建。长约105米,桥面宽14米左右,共有23孔。它既是一座桥,也是一座坝。当桥洞封闭时,桥两侧的水位便会产生变化。桥有两层拱隆,采用不同颜色的地砖区分开。

09 灿烂的花园
伊斯兰的建筑与景观

9.2

西班牙的伊斯兰风

阿拉伯人在征服并占领了叙利亚之后，出于猎奇与征服的本能把目光转向了北方的西班牙，而不是环境更为适宜的南方。公元711年，他们跨越了直布罗陀海峡，摧毁了西哥特人（Visigoth）的抵抗，巩固了在南方的地位，随着大马士革的倭马亚哈里发王朝（Umayyad Caliphate）的灭亡，唯一一位逃出来的王室成员于公元750年被立为独立的阿尔埃特拉斯（Al-Andalasia）的哈里发。此后，伊斯兰教在西班牙就按其自身方式存了下来。在摩尔人（Moors，指曾创造过阿拉伯-安达卢西亚文化的西班牙穆斯林居民及阿拉伯人、西班牙人的混血后代）征服时期，这里到处都是丰富的罗马文化遗迹，同时还有由法国传来的西哥特人文明的痕迹点缀着大地的景观。

图 9-10　科尔多瓦历史街区
西班牙
Córdoba, Spain

如图所示，中部为大清真寺全貌，周围包围着的白色街区为曾经的犹太人居住区。公元711年阿拉伯人占领科尔多瓦城，于公元10世纪进入鼎盛时期，成为伊斯兰世界中著名的大都市。当时富人的住所常由一个或多个院落构成，建筑由围墙围合，室外院子内隐约闪现着水面、喷泉和绿化。铺装良好的街道是建筑组团之间窄小阴凉的空间，很少有呆板或者完全平行的建筑界线。几百座清真寺打破了城市轮廓线，使之富于变化。

图 9-11　科尔多瓦大清真寺
内殿的拱形密柱

大清真寺由神秘而密集的柱子支撑，柱子支撑着马蹄形的拱，这种形制可能起源于罗马遗风。但是，从柱子复杂的视觉效果来看，它们似乎暗示着摩洛哥的棕榈林。这种手法延续至毗邻的天井院落，不同的是柱子被树所代替。

图 9-12　科尔多瓦大清真寺
天井院落，以树来暗示密柱手法的延伸。

图 9-13　阿尔罕布拉宫
格拉纳达，西班牙
Alhambra Palace, Granada, Spain

摩尔人最后的城堡，伊斯兰建筑与装饰艺术的代表。"阿尔罕布拉"意为红色城堡，因建在红土山坡上，又用红土构筑城墙。阿尔罕布拉王宫的空间关系是伊斯兰特有的，按罗马传统，阿尔布拉宫的平面布局并不统一，但对于伊斯兰教而言，全局对称是对真主的不敬。王宫有四个主要院落，各院落间以走廊相连，内部空间本身均通过防御墙引入了外部乡村景色。这一理念影响了日后的莫卧儿人，并在德里（Delhi）和阿格拉（Agra）城堡建筑中成功地发展了这一理念。本案在后续章节（第十二章）亦会再次提及。

图 9-14　科马雷斯殿内庭院
阿尔罕布拉官
Alhambra Palace

又称玉泉院，与另一座"狮子院"一起构成了阿尔罕布拉王宫最重要的伊斯兰特色庭院景观。在建筑上极尽华丽，其拱券的形式与组合，墙面与柱子上的钟乳拱与铭文饰达到极高水平，是西班牙穆斯林建筑艺术的代表。

图 9-15　狮子院
阿尔罕布拉宫
Patio of Lions Leones, Alhambra Palace

中央有一座由12头石狮组成的喷泉，水从狮口喷出，流向周围的浅沟。狮子院最终达到的成就是墙和屋顶的淡化，或者说园林构件化（非物质化）。

图 9-16　帕塔尔花园
阿尔罕布拉宫
Jardines de Partal, Alhambra Palace

图 9-17　水渠中庭
格内拉里弗花园，格拉纳达，西班牙
Patiodela Acequia, Generalife, Granada, Spain

格内拉里弗花园中的一个精美庭院，也是所有花园的最高点。庭院中心由一个长形的水渠构成，导向位于庭院另一端的门房。为使空间更为凉爽，水渠两侧设有喷泉，连续不断地喷出拱形水流。庭院周边的环绕一层开放的拱廊，边缘是装饰性的拱门。由于有喷泉的存在，水渠中庭的环境气氛显得更为活泼、亲近。格内拉里弗花园是苏丹的夏宫，与阿尔罕布拉宫接壤，只需通过一座架设于溪谷之上的桥梁就可抵达。

9-15	
9-16	9-17
	9-19　9-18

图 9-18　罗汉松中庭
格内拉里弗花园
Patiolos Cipresses, Generalife

位于水渠中庭北面，呈规则的几何形态，同样设有喷射的水流及高大的周边建筑，属典型的摩尔式庭院。树篱修剪方正，有意凸显建筑物的形体，也为纯白色墙面增添了对比色调。

图 9-19　水台阶
格内拉里弗花园
Escalera del Agua, Generalife

台阶两侧和中间均有跌水流向下方，充分体现伊斯兰园林用水之妙。事实上，伊斯兰园林的起源也是对农业的直接模仿，后来发展为对灌溉、气温调节和植物种植的一种研究。再往后，这种园林设计理念逐渐风行，并出现于许多其他类型的园林设计之中，而这些特征也正是意大利文艺复兴时期台地园景观的前兆。

09 灿烂的花园
伊斯兰的建筑与景观

9.3 莫卧儿人的景观

莫卧儿人主要关注印度的两个地区：一个是在纬度28度的阿格拉/德里（Agra/Delhi），另一个是在纬度35度的克什米尔溪谷（the Vale of Kashmir）。阿格拉位于珠穆纳（Jumna）河畔，自然景观平淡、缺乏特色；克什米尔溪谷则气温恒常，土壤肥沃，多样的树种和农田丰富了这里的景色。在这一带的城镇和乡村，本土的伊斯兰教建筑总是处于重要的位置，显得极其突出。

图9-20 阿克巴陵
阿格拉以北，印度，1613
Tomb of Akbar, Agra, India

又称"锡根德拉"（Sikandra）。现存主要的帝王陵墓，风格明朗，轮廓就给人一种欢快的印象。陵墓上部是假墓，材料为白色大理石，真墓设在地下层。

图9-21 阿格拉古堡
入口，印度
the Agra old Fort, India

莫卧儿王朝第三世皇帝阿克巴，以阿格拉亚穆纳河西岩山上的城堡为国都，花费十年心血建起的一座极其奢华的宫殿，因城门和城墙都是用赤砂岩石建成，故称为"红堡"。其孙子沙杰汗继位后，又增建了一些殿宇，使阿格拉堡成为一座无比壮丽的皇家都城。

莫卧儿人最主要的景观由三个主要部分组成：一是阿格拉／德里的建筑群；二是通往克什米尔的帝王巡游沿路景观；三是克什米尔地区本身的景观。

- 第一部分，阿格拉／德里是莫卧儿帝国的行政中心，主要建筑群由巨大的红砂岩城墙、位于基座上优雅的白色大理石建筑以及纪念帝王的宏伟陵墓组成。

- 第二部分，是气势雄伟的帝王巡游，人数多达五万余人，形成了营地直达喜马拉雅山的"长城"，远观好似一股壮观气势通向克什来尔山道。

- 第三部分，克什米尔的本土景观象征着个人在尘世间幸福目标的实现。公元1586年阿克巴大帝（Akbar，1542—1605）征服了克什米尔，在这里修建了诸多清真寺院和庭园，其中最著名的四座分别为：帝王之泉、爱的花园、欢喜花园及纳西姆花园（Nashim Bagh）。

图9-22　泰姬·玛哈尔陵
印度，1654
Taj Mahal Mausoleum, India

泰姬陵景观成就首先在于建筑群总体布局的完美，布局单纯，陵墓是唯一的构图中心，并居于中轴线末端，在前面展开方形草地，有足够的观赏距离，视角良好，仰角适宜；第二个成就是创造了陵墓本身肃穆而又明朗的形象，构图稳重、舒展、比例和谐；第三个成就是熟练地运用了构图的对立统一规律，使这座很简纯的建筑物丰富多姿。当封闭式的几何形花园成为传统到处重复时，难免产生单调感，而扩大了的景观概念则更新颖、有意义。

图9-23　泰姬·玛哈尔陵
对称水景的另一侧景观

9-20 9-21
9-22
9-23

09 灿烂的花园
伊斯兰的建筑与景观

图 9-24　德里清真大寺与南侧广场
印度
Mosque of Delhi, India

图 9-25　伊蒂马乌道拉陵
阿格拉，1622—1628
Tomb of Itmad-ud-Daulah, Agra

又称小泰姬陵，印度伊斯兰混合式陵墓建筑，是莫卧儿帝国建筑典范。图为陵园中的清真寺。

　　与泰姬陵等地的景观形式对比，克什米尔地区的景观则是世俗性的，并被转化成为莫卧儿欢快的水景。花园主要建造在低矮的山坡上，四周群山环绕，泉水淙淙。由于地势不规则，因此，花园趋向于打破传统平面布局，开发利用了瀑布并俯瞰克什米尔溪谷的景色。不过，沙拉姆·巴格的陵墓是个例外，它忠实地保留了传统的围合式方形平面与宁静的格调。

18

古典的复兴
文艺复兴时期的建筑与景观

源自意大利的文艺复兴运动对于西方文化和历史的发展，是一个极为重要的转折时期。这一历史时期各方面的变革造成了与中世纪文化巨大的差异，这种差异本身也就是造成文艺复兴运动兴起的因素之一。但在看待具体事物的方法上，我们却无法将中世纪与文艺复兴时期完全割裂开来。欧洲各国的建筑与人文景观在文艺复兴时期虽然有着重大的发展和变化，但很难在这两个时期之间划一条截然的分隔线，因为我们可以在许多方面意识到在这个时期的建筑与人文景观的观念与中世纪有着一种明显的延续，而且在技术方法上也有不可忽略的承继关系。虽然无法详尽地列举更多的事实来展现欧洲文艺复兴时期建筑与景观的全部面貌，但从文艺复兴运动最重要和最初发源地——意大利现存的建筑与人文景观的例证中，以及相当多的纪录文献和研究成果中，撷取一小部分最有价值的成果，借此来一窥文艺复兴运动对意大利和整个欧洲建筑与人文景观观念带来的变化过程。

图10-1　圣彼得广场
罗马,意大利
Plazza San Pietro

意大利文艺复兴

意大利文艺复兴时期文化与中世纪的一个重要区别在于:文艺复兴运动不但造就了一大批巨匠,同时也唤起了人们自主的创造精神。这是一个变化的时期,也是一个创造性的时代。文艺复兴带来了艺术与手工艺的分离,同时也促成设计与营造的分离。设计在某些方面独立成为一种职业的趋向也初见端倪。文艺复兴时对艺术家和设计师地位的确立,使得艺术与设计成为完全不同于纯手工艺的专业性事物。

巨变的时代产生了对艺术的大量需求,没落的贵族与新兴的资产阶级新贵都需要艺术来粉饰自己,设计的地位直线上升。以往是君主把自己的欢心作为恩赐给予设计师,而今是设计师出于对富有君主的赏识才接受委托并为之工作。委托人家族的显赫背景,促使新的设计思想超越当时的大众意识进而融于作品之中。在这一过程中,佛罗伦萨望族美第奇家族(Medici family)作出了杰出贡献,或许当时某个花园的设计带有某种离经叛道的意味,却不经意成为了文艺复兴时期的一个造园范式,影响了之后的设计。

图 10-2　佛罗伦萨
俯瞰主城区全景，意大利
Florence, Italy

图 10-3　美第奇庄园
鸟瞰庭园，佛罗伦萨
Medici Villas, Florence

美第奇庄园由一系列复杂的建筑与花园景观构成，分别由美第奇家族成员在 15—17 世纪间陆续建造，彰显其家族的权力与财富。在文艺复兴时代的建筑设计中，更注重内外空间的联系以利于观赏郊外的风光，对景观的要求成为不可缺少的部分。其基本目的是创造那些能满足人们对于秩序、静谧与启迪的渴望以及对人的尊严和地位的认同。

10-1	10-2
	10-3
	10-4

图 10-4　美第奇庄园
内庭景观

10 **古典的复兴**
文艺复兴时期的建筑与景观

119

图10-5　造园理论著作

阿尔伯蒂著，1407—1472
Leon Battista Alberti

意大利文艺复兴时期著名建筑师、建筑理论家阿尔伯蒂的有关造园理论的著作封面，第一版于1485年在佛罗伦萨出版。

图10-6　波吉欧凯诺庄园平面图

彩绘平面图佛罗伦萨
Villa Medici di Poggio a Caiano, Florence

属美第奇家族庄园之一，意大利文艺复兴初期露台式别墅园之典范。佛罗伦萨的别墅在精神上与近郊乡村环境相联系，仍保持着邻里、住家的设计特色，而罗马的别墅则几乎都充满人文主义与英雄史诗的味道，怀古和复兴古风的倾向十分明显。

图10-8　圆厅别墅平面图与剖立面图　　　图10-9　通往圆厅别墅的道路

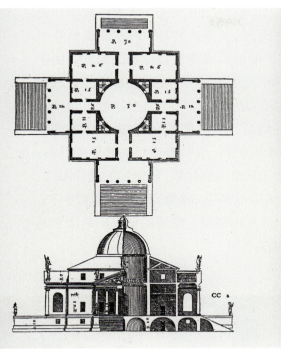

图10-7　圆厅别墅与花园

维琴察,意大利
Villa Almerico Capra, Vicenza, Italy

帕拉第奥(Palladio,1518—1580)设计,发展了以自我为中心的布局,淘汰了正统的花园,为几何形和自然形之间的和谐结合铺平了道路。帕拉第奥进一步贯彻了柏拉图的几何理论,不仅将人体比例用于三度空间的单体,而且用于较为复杂的群体,以构成建筑艺术音乐般的和声。而这种比例是绝对、静穆和完整的,成为文艺复兴时期人们追求完美的终极。

10-5	10-6		10-8	10-9
10-7			10-10	

图10-10　意大利文艺复兴时期经过修剪的绿篱

强调外部观念的景观始于文艺复兴这个人类社会的真实和神的理想世界开始分离的时期。虽然相对发展缓慢,却宣告着一个伟大时代的到来。中世纪代表禁欲的围城打开了。花园的设计中虽然还有墙,但它的作用已不仅仅是强调保卫,更多的是强调在轴线规划之下的对于空间的介入和强调墙的边界线到地平线的扩张。

10　古典的复兴
文艺复兴时期的建筑与景观

图 10-12　兰特庄园流水台阶

台地园的设计中，花园是为了体现人的尊严而构筑的，因此形式是个关键问题。住宅的内部空间的设计，不是以数学计算的方法，而是凭直觉与外部空间联系在一起的：或提高或降低设计物的地坪。由于气候和视线的缘故，建筑地基往往被选在山边或是丘陵旁，并用台度使建筑与地基相互结合。园林的组成基本上是常青植物、水和山石，这些都是长期使用的材料，其他元素也包括盆栽、修整过的植物围墙、黑松和冬青树丛、雕塑、台阶、凉棚和亭子；水有静水和喷泉。建筑的细部和装饰也是微妙的。

图 10-11　兰特庄园
巴涅亚镇，意大利，1547—1567
Villa Lante, Bagnaia, Italy

维尼奥拉（Vignola, 1507—1573）设计，巴洛克风格的意大利台地园的设计典范，地处干爽的丘陵地带。整座庄园的景观设计上升到了一种崇高的地位，使花园个性与建筑及地方特色之间的结合创造了无数组合的可能。园内建筑遵从于古代天文学的观念布局，这一景观概念标志着一个时代的结束。另两座同时代表文艺复兴时期西方造园成就的庄园分别是法尔奈斯庄园（Villa Farnese）、埃斯特庄园（Villa d'Este, Tivoli）。

图 10-13　兰特庄园喷泉

图10-14 圣马可广场
鸟瞰全景，威尼斯，14—16世纪
Piazza San Marco, Venice

被拿破仑称为"世界最美丽广场"，南濒亚德里亚海，是一由三个梯形平面的空间组成的复合广场。左侧为钟塔，其后是圣马可大教堂，右侧为总督宫。

图10-15 圣马可广场平面图

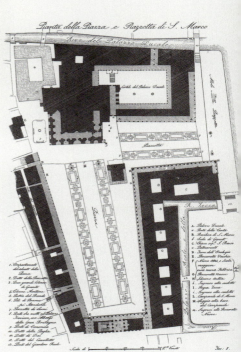

10.2
华美的修辞

文艺复兴带来的新艺术观念的冲击是强大的，对意大利艺术的各个方面都产生了巨大的影响。人们对于景观的认识不局限于周围的环境，而是将人类和宇宙视为一个整体。16世纪下半叶又是神学上的动荡时期，别墅和花园的建设却最为繁荣，起支配作用的建设者都是教会职员。此外，天文学的发现和对宗教信条的质疑，对现存的信仰和秩序是一场严峻的挑战。思想家们发现自己已超越了当时宗教思想的限制，而广大普通民众仍然保持着强烈的宗教信仰。也正是因为这种激情，反宗教改革派决定通过艺术以及教育来把握自己的命运。伴随着宗教的复杂变迁，人们的思想和空间概念有了很大的变化，而这一变化又回过头来深刻地影响了艺术的各个领域，特别是风景设计和城市规划领域。

10 古典的复兴
文艺复兴时期的建筑与景观

10-16
10-17

图 10-16　埃斯特庄园
从主建筑俯瞰花园,蒂沃利,意大利
Villa d'Este

该庄园建于文艺复兴时期,典型的意式"手法主义"风格。当时来自费拉拉的望族埃斯特家族的伊波利托·德斯特担任蒂沃利的行政长官,请来了意大利著名设计师利戈里奥为其设计庄园,并在此后的一个世纪里不断地加以完善。整个庄园依山而建,是典型的意式台地园,主建筑建在高地边缘,园林建在后面的陡峭山坡上,并被分作8层,每两层之间落差约达50米。在贯穿全园主轴以及分布左右的次轴上,布满高大植物、错落花坛和各式喷泉,其中的水工设计(详见第十一章)尤为令人称道。

图 10-17
埃斯特庄园内的雕塑喷泉

124

10-18

10-19

图10-18、图10-19 翠薇喷泉
罗马，1732—1762
Trevi Fountain

又称许愿泉，由建筑师N.塞尔维
（N. Salvi）、G.潘尼尼（G. Pannini）雕
塑家菲利波·德拉·维尔（Filippo
dello Valle）和P.伯莱西（P. Bracci）
等设计。16世纪下半叶，哲学观念
的变化是剧烈的——从古典主义
的有限性到巴洛克的无限性，有限
性的表达是实在的，而无限性的表
达是想象的。富有动感的想象力
催生了手法主义与巴洛克在景观设
计上的表达。体现了人是天地山石
这一整体中的一个部分，强调着物
与物的相对关系和无限联系。翠薇
喷泉受石头、海水、贝壳等元素的启
发，设计了无数交替变换的抽象形
态，利用水的反射镜面，将上天和大
地结合在一起，反映整体环境和景
观之间无限联系的设计手法由此得
到了发展。

128

图10-20 那沃纳广场与"四河喷泉"

罗马，1940

Piazza Navona

伯尼尼（Giovanni Lorenzo Bernini）设计，其个人最出色的公共纪念性创作。喷泉雕塑以四个河神的雕像为基础，在一大块空心岩石上方竖立一个古代埃及的方尖碑，岩石顶上有4个大理石像，象征着17世纪的世界四大江河，即欧洲的多瑙河、非洲的尼罗河、亚洲的恒河和美洲的拉布拉塔河，属典型巴洛克手法。

图10-21 卡比多广场

罗马

The Capitol Square

即罗马市政广场，米开朗基罗设计，开拓了巴洛克城市空间感觉的先河，是罗马教皇对罗马城内的卡比多山上残迹进行改建后的成果。广场呈梯形，进深79米，梯形广场在视觉上有突出中心，两端分别为60米与40米，入口有大阶梯自下而上。梯形广场在视感上有突出中心、把中心建筑物推向前之感，是文艺复兴时期始用的手法。广场的主体建筑是元老院，中央有高耸的塔楼，南边是档案馆，北边是博物馆。后两座建筑立面在巨柱式之间有小柱式分层次，处理手法对后来影响很大。广场正中有罗马皇帝铜像，地面铺砌有彩色大理石图案，周围有雕像，装饰华丽。

图10-22 卡比多广场设计图

米开朗基罗设计

10-20	
10-21	10-23
10-22	10-24

图10-23　波波罗广场

罗马，17世纪

Piazza del Popolo

伯尼尼参与设计，属巴洛克艺术的巅峰作品之一。广场位于罗马城北门内，为了要造成由此可以通向全罗马的幻觉，把广场设计成为三条放射形大道的出发点。广场长圆形，有明确主次轴。中央有方尖石碑，放射形大道之间建有一对形式近似的教堂。这一设计后来深刻地影响了法国的城市设计。但是伯尼尼的杰作依然属简洁的罗马圣彼得广场，可见罗马人的空间设计多涉及城市景观而非风景景观。

图10-24　波波罗广场正面的雕塑喷泉

10 古典的复兴

文艺复兴时期的建筑与景观

图 10-25 加里波底大道
热那亚，意大利
Via Garibaldi, Genoa, Italy

挪瓦·史特拉德（Nuova Strada）设计，用特定视点来设计狭窄的城市街道，布置宫廷的前院、花园小丘，以控制城市景观，创造出极富想象力的空间。

图 10-26 圣玛利亚大教堂
威尼斯大运河边
Santa Maria Della Salute Church, Canal Grande in Venice, Venice

从圣玛利亚大教堂的设计中可以看出，经历数世纪变化的威尼斯通过水空间的创造，将城市空间与更为宏大的自然景观结合了起来。该教堂的内外空间按巴洛克自成体系，其穹窿与城市中的景观相互呼应，与罗马人的威尼斯和拜占庭的威尼斯之间达到了完美的协调。

图10-27　西班牙大台阶
罗马，1721—1725
Spanish Steps, Rome

阶梯平面呈花瓶形，布局时分时合，虽然规模不大却巧妙把两个不同标
高，轴线不一的广场统一起来，表现出巴洛克灵活自由的设计手法。建
筑师为斯帕奇（Alessardro Specchi，1668—1729）。

图10-28　从广场喷泉仰视西班牙大台阶

图10-29、图10-30　甘布瑞尔庄园
佛罗伦萨近郊，意大利，1610
Villa Gamberaia, Florence, Tuscany, Italy

设计者为塞堤拿挪（Settignano），托斯卡那大公梅迪奇家族统治时期，意大利文艺
复兴时期巴洛克风格露台式庄园。当时，手法主义者力争挣脱古典主义的枷梏，将
一些有罗曼蒂克意味的造型元素诸如岩石、洞穴、巨型雕塑和隐秘的喷泉等在文艺
复兴的几何模式下融合到一起。甘布瑞尔庄园是这一时期的代表性作品。

10　古典的复兴
文艺复兴时期的建筑与景观

129

图 10-31　唐娜·德拉·罗斯庄园
威尼斯
Villa Dona Dalle Rose, Venice

该作品具备小城镇的初步设计模型，其开放与封闭空间有机结合，轴线的设
置由山丘地形而非建筑物的位置所决定。

　　人在空间内均是演员而非哲学家。受城市干扰较少的郊外空间给设计师提供了相对
较大的设计自由，有利于他们别出心裁地结合地形特征，遇水设泉，有坡筑台，甚至利用地
形规定特别的轴线，创作大型的瀑布，制造巨型的人为景观，体现了强烈的整体构图意识，
但细部则往往做得粗糙。这种抒情的用地方式为后来的城市设计开拓了思路。

11

专制与奢靡

法国古典主义园林与景观

巴黎盆地包括了塞纳河（Seine）和罗亚河（Loire），在地貌上形成了一个整体。法国人的生活方式及其历史使巴黎成为了法国的中心。由于罗亚河连同在奥尔良（Orleans）的首府都沿着塞纳河密切发展，法国所有的古典景观都集中在这一带，巴黎盆地的景观平缓而略有起伏，农田、教堂、小镇和运河结合在一起形成了基本景观面貌。而17世纪法国所有造园、理水的杰出作品大多源自图尔地区（Touraine），图尔的全境有卢瓦尔河及其主要支流穿过。在地理上，它构成法国巴黎盆地的一部分，其中最出名的景观就是大革命前封建贵族和王室在这里修建的众多城堡和庄园。

图 11-1 孚·勒·维贡庄园
花园景观，巴黎东南近郊
Vaux le Vicomte, Paris

帝国法兰西

巴黎发源于塞纳河中游的斯德岛（lle de la Cite），公元前3世纪，巴黎西夷人在此建立了第一个村庄——鲁特西亚（Lutetia），原意是"被水围绕的地方"。公元前52年，凯撒领军与高卢人作战，曾经占领过这里，后引来了更多的日耳曼民族入侵，其中最强的法兰克人在公元6世纪时曾建都巴黎。到公元10世纪，雨果·卡佩（Hugo Capet）成为卡佩王室家族的第一位君王，在其领导之下，巴黎成为当时中世纪文化及学术中心。从508年被国王克洛维斯（Clovis）确定为都城开始，直到987年成为法兰西王国的首都，巴黎在此后的千年一直是法国历代王朝的首都。巴黎本身人口稠密，从中世纪起就是欧洲大陆上的一个最有活力的中心城市，卢浮宫和杜勒丽宫的落成，展现了一种永恒的建筑艺术魅力。

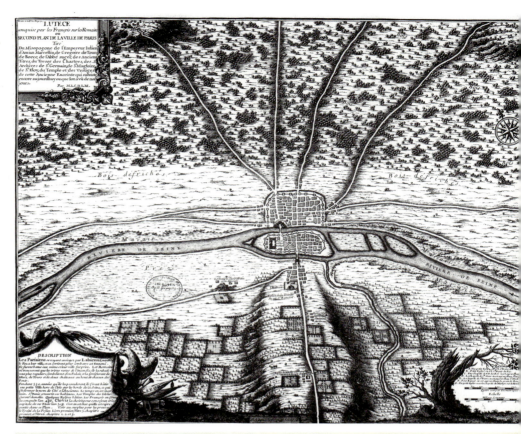

图11-2　鲁特西亚版图
18世纪时期地图
Map of Lutetia

图11-3　卢浮宫
彩绘图版，巴黎，1400
The Louvre, Paris

法国最大的王宫建筑之一，位于巴黎塞纳河畔、巴黎歌剧院广场
南侧。早在1546年，法王弗朗索瓦一世决定在原城堡的基础上
建造新的王宫，此后经过9位君主不断扩建，历时300余年，形成
一座呈U字形的宏伟宫殿建筑群。

图11-4　今日塞纳河畔的卢浮宫
鸟瞰

图11-5　卢浮宫
正门广场夜景

图 11-6　杜勒丽花园
鸟瞰，巴黎
Tuileries Garden, Paris

原为法国杜勒丽皇宫的皇家花园，由法王亨利二世的皇后凯瑟琳·美第奇（Catherine de Médicis）下令修建。如今的杜乐丽花园有"露天博物馆"之称，园内可见许多雕像。杜乐丽花园位于卢浮宫与协和广场之间，一边依傍塞纳河。园内布满多样的花朵与树种使花园颇显静谧，青铜雕塑则添加些庄严气氛，整体规整清丽的景观设计突显典型法国花园的特色。

图 11-7　雕塑喷泉
杜勒丽花园

对于法国的王公贵族来说，文明意味着愉悦的享乐主义。在这一点上，法国不同于意大利。意大利的观念认为：艺术应该表达、探索未知世界中某些高于现实的东西。在当时的法国，文明的中心就是国王太阳王（the Sun King），艺术的原则即表达生活的愉悦。故法国的宫廷景观处处渗透这种休闲享乐的体验精神。

11-8		11-11	
11-9	11-10	11-12	11-13

11.2

意大利的经验

法国古典园林是在西方传统园林艺术的基础上发展的，并可直接追溯到意大利文艺复兴时期造园的艺术。受意大利文艺复兴的影响，弗朗索瓦一世邀请了大批杰出的意大利艺术家和工匠到法国，并在1530年左右下令扩建行宫枫丹白露宫（Fontainebleau），这是他首次把意大利的造园艺术引进法国。面貌一新的宫殿被巨大开阔的花园所环绕，富有意大利的韵味，同时也把文艺复兴时期的风格和法国传统艺术完美和谐地融合在一起，这种风格后来被称为"枫丹白露派"。

图11-8　波波里御园

佛罗伦萨, 16—18世纪

Boboli Gardens, Florence, Italy

自15世纪以来一直是意大利北部的第一名园, 对法国的古典园林产生过重要影响。该时期意大利的园林设计往往居高临下, 结合山势地形, 利用伊斯兰园林中的水法技术配置喷泉潭池。园内常设有亭、馆等建筑, 植有花卉, 供观赏者坐憩。远处大多种植修剪植物, 有些庄园只种常绿林木而不种花卉, 突出人为手法的表现。园内大多方整端正, 显示出资本主义萌芽时期物质文明开始了对自然的征服。意大利的园林在17世纪凭借巴洛克风格达到了其最高境界。本图为通往园内宫殿的轴线道路上的景观, 包括广场上的方尖碑。

图11-9　波波里御园的水景与雕塑

图11-10　波波里御园内的植物与雕塑

图11-11　埃斯特庄园

蒂沃利, 意大利

Villa D'Este, Tivoli, Italy

意大利台地园的典范, 历经五个世纪的持续建设, 至今依然是世界园林的经典美景之一。欧洲体系中典型的水法处理正是始于台地园, 并在意大利园林中占有重要位置。由于位处台地, 意大利园林的水景在不断的跌落中往往能形成辽远的空间感和丰富的层次感。设计者会十分注意水系与周围环境的关系, 使之有良好的比例和适宜的尺度。意大利的台地园及其水景处理手法均对法国古典园林产生重要影响。

图11-12　利用台地地势的水景

埃斯特庄园

图11-13　台地式喷泉

埃斯特庄园

图 11-14　枫丹白露宫
巴黎近郊, 1530
Fontainebleau Paris

"枫丹白露"法文原义为"美丽的泉水",整体建筑群由古堡、宫殿、院落和园林组成,虽然比不上凡尔赛宫的宏伟、卢浮宫的博大,但却淡雅大方,给人以静谧温馨的感觉。从建筑艺术上看,文艺复兴开始各个时期的建筑风格都在这里留下了痕迹,但总体上受意大利文艺复兴影响最大,整座宫殿及其园林堪称法国古典风格杰作之一。

图 11-15　枫丹白露宫
宫前的广场景观

图 11-16　枫丹白露宫
内部园林景观

11-14	
11-15	11-16

11.3

古典主义宫苑

　　16世纪的法国处于从中世纪精神转向古典主义的时期,从当时皇室家族在图尔地区的城堡景观来看,皇家园林景观实质上是土生土长的哥特式建筑和逐渐成熟的古典主义风格的混合,而意大利文艺复兴新风格影响的唯一标志只是花园的延伸,以及四周环绕的亭台等构筑物。

　　1600年,法国国王亨利四世与意大利的玛丽·德·美第奇(Marie de Médicis)联姻,给法国文化带来了来自意大利的影响。另一方面,黎塞留,这个曾经统一法国并奠定君主政体基础的法国首相却提出了一种"纯法国"观念的完整规划和空间设计。黎塞留的设计选择性地吸收了来自意大利的经验,但当时在空间上的独创性并不十分显著。

图11-17　位于图尔地区的卢瓦尔河谷沿岸景观带
Loire Valley, Touraine, France

图11-18　卢瓦尔河谷沿岸的城堡景观

黎塞留在图尔地区的城堡建设，是从一片树林中开辟出来的完整的景观，并带有人工开凿的运河与沿岸的一个小镇，对该地区的规划起装饰性与辅助性作用。整片城堡区所体现的设计观念，为后来法国古典主义园林的成熟开辟了道路。

11-17	11-18
11-19	11-20

图11-19　舍农索城堡

鸟瞰平面卢瓦尔河畔，法国图尔，16世纪

Chenonceaux, Loire Valley in France

位于昂布瓦斯以南，依势横跨在卢瓦尔支流的谢尔河（Cher）上，与河流、园林和绿树共同构成了自然和谐的风景画。位于城堡两侧的花园精致而不张扬，与城堡建筑和谐相融。该城堡自1535年后就属于王室领地，凯瑟琳皇后余生一直居于此处并逝世于此。

图11-20　舍农索城堡

舍农索城堡混合了哥特式与早期文艺复兴建筑的风格，其中最著名的设计是凌驾于河床上的长廊，既是廊亦是桥，水上城堡之说也由此而来，建筑造型与桥下水面相映成趣。

专制与奢靡

法国古典主义园林与景观

图11-21 孚·勒·维贡庄园
巴黎东南近郊
Vaux le Vicomte

由法国著名古典主义设计师路易·勒沃和勒·诺特尔分别共同设计,其中勒沃负责建筑,诺特尔主导景观,这也是诺特尔成为法国古典园林集大成者的第一件个人作品。几乎是从这件作品诞生之后,法国在空间设计上的独创性才开始确立。庄园为路易十四的财政大臣富凯(Fouquet)而修建。原有的建筑和景观是"黎塞留"式的,原先简单的空间如微微起伏的树林和平地,经诺特尔之手转变成一眼望去就显得极为宏伟的"大地建筑"。娴熟的比例,交叉的轴线形成分隔消失在林中,丰富的地毯状纹样等,均体现于景观之中。勒·诺特尔在这座园林中发展了几条原则:

- 用明确的几何关系确定雕像、花坛的位置,构图完整统一。
- 以中轴线为艺术中心,雕刻、水池、喷泉、花坛等均沿中轴线展开,依次呈现,其余部分都用来烘托轴线。
- 以水渠为横轴线,水池成为重要的造园因素。

图11-22 孚·勒·维贡庄园
围绕建筑的园林布局

图11-23 孚·勒·维贡庄园
雕塑与水景

| 11-21 |
| 11-22 |
| 11-23 |

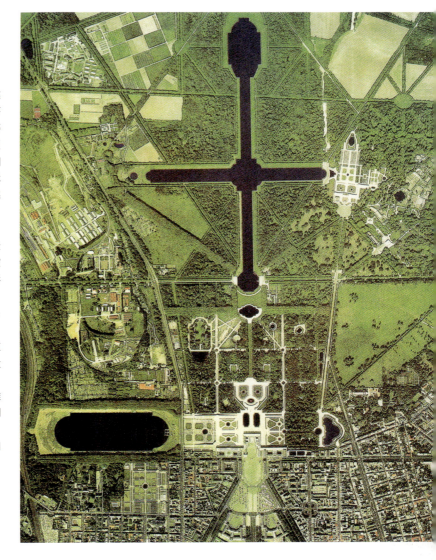

图11-24　凡尔赛宫殿与花园平面
Versailles Palace and Garden

法国人强调空间的组织性和整体性，建筑单体必须服从整体；这种布局的秩序就像军队的方阵一样，有主有次，军衔等级分明。顺应这一思路，针对凡尔赛巨大的尺度，勒·诺特尔的解决方式是强调景观空间的整体性，这对于法国的园林设计有着革命性的贡献。其设计原则基本要点如下：

- 花园不再是住宅的延伸，而是整体景观设计的一部分；实体相对于二度空间的几何关系沿轴线展开，兼顾地形起伏；
- 有计划地种植林木，对植物进行修剪，来体现花园的轮廓和不同的形状；
- 以水面倒影和向外无限延伸的林荫道来体现天空与整体的巴洛克意境，大量运用林木树丛为主的景观手法；
- 以住宅为基础来逐步扩大尺度感，雕塑和喷泉既是独立的艺术品，又具备调整空间节奏和点缀重点部位的功能；
- 科学地用光学来引导人的视线，利用视觉错觉的手段来创造远近的感觉。

11.4

凡尔赛的荣耀

正是孚·勒·维贡花园激发了路易十四营建凡尔赛的极大热情，最直接的动因是修建凡尔赛可以作为权力和他的意志的体现，路易十四遂任命勒·诺特尔和建筑师勒伏等人负责营建凡尔赛。凡尔赛原址是一片荒凉的不毛之地，仅有路易十三的一座猎宫。这处建筑并没有被拆除，而是被其他新建筑覆盖和包围起来，整体宫殿建筑历经三次扩建。但是凡尔赛的"奇迹"并非建筑，也不是室内装饰，而是由诺特尔设计的如梦境一般的花园。

设计凡尔赛的难度在于：一是面对巨大尺度的地域；二是所追求的艺术目标。一块约3.5×2.5公里的土地，主轴线长约7公里，被安排进一个带有宫殿的花园，形成一个具有统一建筑体系的美学整体。

图11-25　凡尔赛宫殿建筑与林荫大道的交错延伸

诺特尔造园善于充分运用大自然及其元素，塑造出法国风格的理想宫殿，规范且有秩序的草坪、花坛、映照宫殿的水面、无数的喷泉、公园和狩猎区。向远方辐射的长长的运河和林荫道决定了整个布局。这种星状的群体规划影响了整一代的巴洛克式规划师，在后世许多城市规划中都能发现它的痕迹。凡尔赛巨大的构图中，这种辐射状的直线使宫殿成为世界中心的象征。国王的卧室，即位于十条辐射线的会聚点（七条轴线在花园一侧，三条林荫大道向城市辐射），象征着太阳系的正中心。

图11-26　凡尔赛宫殿前方的园林景观

对于这座宏大的乡村住宅，勒·诺特尔的目标简单明确：以艺术的手段使自然羞愧（Put nature to shame by means of art）。故将大批园林组织进一片自然风景之中，搬运大量土方，不惜工本从远处引水开凿运河，掘出巨大的盆地，栽植上万棵树木等，以体现拥有者的高贵与尊严，以满足其感官愉悦的需求，所有的景观格调必须符合这一整体要求。整个凡尔赛工程的圆满完成似乎有足够的理由，而耗费的人力却也被遗忘。无论如何，凡尔赛都象征了法国古典主义园林风格的成熟与发展。

图11-27　凡尔赛花园几何风格的园林设计

勒·诺特尔的整个设计意图要求能做到一目了然，细小变化和对比手法主要运用在以林木树丛为主的景观之中。各部分的布局，特别是踏步和台阶的设置服从于加强运动和体现人的自我尊严，它们在尺度上是为了创造超然境界而有意夸张的。

图11-28　凡尔赛花园受意大利台地园影响的细部空间设计

图11-29　凡尔赛宫花园中轴线上的阿波罗喷泉雕像

图11-30　凡尔赛花园内的树篱（局部）

　　凡尔赛的花园中所有设计手法的运用都是一个目的：不惜一切手段充分体现王国的尊严和荣耀。从居高临下的台地上，无论是回头遥望宫殿、观察前景，还是眺望远方，都可以领略其园林作为一个整体视觉体系所呈现出的悦目景色。而各种细节，诸如汹涌的喷泉、精致的花圃、被树篱屏蔽的剧场等，均让观赏者在过程中体验帝王的豪迈。

12

欧陆诸流派
西班牙、英国、荷兰、德国等

欧洲文化就像中国民间的"百衲衣"一样，是多样、丰富而富于整体感的。文艺复兴以后欧洲的景观艺术基本上是以法国为中心而展开，但各国都有其本地区、本民族的特点。不同气候、地形地貌、种族习俗和建筑传统，构成了这里的景观文化特征。

如果没有这种多样性，意大利文艺复兴的设计手法与风格就会完全控制欧洲。正是有了这种地理和文化上的多样性，欧洲各国才在文艺复兴运动之后走向了多元化的发展，从而衍生出不同的景观流派，使欧洲在16和17世纪的景观状况表现出纷呈的特点。

图12-1　格林威治医院
大片草坪景观
Greenwich Hospital

12.1
从专制走向民主的欧洲

　　被比利牛斯山隔开的法国的西部、葡萄牙和西班牙地区都受着地中海气候的影响。在文化上，也如同气候的影响一样：葡萄牙受其远东联系的影响；西班牙受到了穆斯林文化的影响；而法国东部和德国则表现为文化上的敏感，在地理特征和国家结构上没有明显表现。荷兰在当时已形成一个面临北海的平原国家，影响着邻国英格兰的同时也借助英格兰在北美的欧洲殖民地对其建筑风格产生一定的影响。同时，英格兰也根据自己当时的需要，

在自身丘陵起伏的土地上创建了几何式的景观设计体系。北方的斯堪的纳维亚（Scandinavia）地区也是如此。甚至到了北纬60度这样的寒冷地区，兴建于17世纪的圣彼得堡（St. Petersburg），也是被著名的彼得大帝以"欧洲之窗"的名义和野心，将一片荒凉的沼泽打造成今天的"北方威尼斯"，并冠以他的名号——彼得。不过对于圣彼得堡而言，在景观和建筑方面更有所作为的是一位来自德意志的33岁女性，即1762年登上沙皇宝座的凯瑟琳二世。这位

图12-2　1934—1950年时期的威廉斯堡市政大厦及周边景观
维吉尼亚州，美国
Williamsburg, State of Virginia

图12-3　如今的威廉斯堡市府大楼
正立面

年青的女性宣称将带领俄国重新回到彼得一世开创的道路上。而最终，她也的确造就了历史上空前绝后的庞大帝国之都。

随着文艺复兴的影响，意大利的设计观念渗透到了欧洲的每一个角落。其影响直到17世纪末才被法国风格逐步取代。虽说这种风格犹如一种时髦的潮流，但当时的人们的确在迫切地寻求各种新的表达方式。设计师和景观艺术的实践者无一例外地都经历过哲学思想的困扰，这种哲学思想上的困惑曾经产生了意大利的文艺复兴和巴洛克。这个时期的景观艺术是在意大利风格和本地传统之间寻求一种妥协，故艺术魅力多于在艺术质量上的追求，追求变化多于学术研究。

该时期，最具智慧、丰富多彩的景观设计则产生于英格兰，当地的政治风气使人们偏爱郊野乡村式的生活方式。从大型府邸到无数的庄园宅邸都十分注意与当地环境的结合，手法上不落俗套。

12 欧陆诸流派
西班牙、英国、荷兰、德国等

图12-4　葡萄牙早期的巴洛克风格的园林
表面的蓝色瓷砖装饰为典型的葡萄牙设计手法

图12-5　斯杜尔海德花园
英格兰西部，1740
Stourhead Garden, England

整体园林最初是模仿意大利风景画而实地创作，以罗马诗人维吉尔的《埃涅伊德》为背景。园林的中心是一个将斯托河截流而成的湖，象征地中海。沿湖布置了宅邸、神庙、洞穴、古桥、乡村农舍等元素，其中一些明显带有希腊神庙与古罗马建筑的特征，如本图湖对岸远处的建筑造型。

| 12-4 | 12-6 |
| 12-5 | 12-7 |

图12-6　白厅街
伦敦,英格兰
Whitehall, London, England

伦敦市政建筑"白厅"由伊尼果·琼丝（Inigo Jones,
1573—1651）设计。这一时期,英格兰本土的都铎王朝风
格正逐渐被当时的意大利风格取代,同时又受到新荷兰风
格的影响。

　　当时的荷兰出现了第一个广义的、民
居式的而不是纪念性的城市景观:城市面
貌依照运河流向的几何关系,由多样化的
砖构民房组成;围墙内设花园,讲究花草种
植,注重内外空间的交流。荷兰富人们的
宅第多为低层,城市景观的点缀主要依靠
教堂钟楼。荷兰地域不大,地势平坦,这样
的景观构成不仅使城市空间之间能相互呼

图12-7　从泰晤士河望向白厅

应,并且视线良好。在田野一带的几何式
划分上,运河与码头又以点与线的关系连
接。新荷兰风格对当时的英国市政建设带
来较大影响,英国市政风格呈现出徘徊于
民居和纪念性建筑之间的意味。

图12-11　格林威治医院
开放的公园景观,伦敦

图12-12　阿尔罕布拉宫
格拉纳达,西班牙,外观
Alhambra Palace, Granada, Spain

该宫殿群为摩尔人留存在西班牙所有古迹中的精华,始建于13世纪阿赫马尔王及其继承人统治期间。西班牙是东、西方文化的融汇之地,摩尔人在这片分离的土地上创造了一种新文化以及与之相应的新环境,并将其反映于当时的园林设计理念之中:由厚实坚固的城堡式建筑围合而成的内庭院,利用水体和大量的植被来调节园庭和建筑的温度等等。西班牙摩尔人的建筑与景观成为西班牙文化最典型的内容之一。

图12-13　庭院水景
阿尔罕布拉宫

图12-14　花园与水景
阿尔罕布拉宫

12.2 欧洲诸国的发展

图12-8　汉普顿庭院宫殿与花园广场
伦敦

以砖构为主的宫殿与花园广场,克里斯多夫·雷恩(Christopher Wren, 1632—1723)设计。这一时期的英国设计深受荷兰城市景观的影响,故建筑与景观风格介于民居风格和纪念性风格之间。

图12-9　汉普顿庭院宫殿的下沉花园　伦敦
Garden in Hamptom Court Palace

图12-10　格林威治医院与周边景观　伦敦　Greenwich Hospital

以石构为主的建筑与景观,一切布置依照场地条件与特色按需设计。在过去的中世纪城堡中,观赏外部景观必须爬上城楼或登山上花园的土山,在后来的花园设计中则用台阶解决这一问题。随着花园规模的扩大,边界的模糊,这种做法逐渐消失。在这一新的时期,花园已从封闭走向了开敞。

17世纪末的英格兰,长长的林荫道展开并穿过景区,有时与邻里住区相互交织,在一定程度上模糊了阶级之间的界限。英格兰地势多为绿色植被覆盖的缓坡,众多树木。到了下一个世纪,英格兰已开始脱离外来设计的影响,转而根据自身特色来设计属于自己的景观。

欧陆诸流派
西班牙、英国、荷兰、德国等

图 12-15　西班牙广场
塞维利亚,西班牙
Plaza of Spain, Seville, Spain

有欧洲最美广场之赞誉的西班牙广场,地处塞维利亚。塞维利亚曾是8—13世纪哥德人和阿拉伯摩尔人王国的首都,16—17世纪时成为世界最繁华的商城和海港,作为欧洲对美洲唯一的贸易港口长达300年。摩尔人的设计风格即使在基督教徒统治时期也一直被维持着,其后对宫殿、城堡、广场景观等方面的修缮,在本质上还是按照摩尔人式样进行。如果去除摩尔人的景观建筑,那么西班牙风格就显得微不足道且缺乏创造性。普遍认为,西班牙景观设计最重要之处正是与摩尔人艺术的结合,这种设计风格甚至通过海外殖民,扩张到其所在的美洲领地。在那里,新兴城镇遵循的是西班牙国内的景观规划原则,但西班牙本土却并未受到海外领地的文化影响。

图 12-16　塞维利亚城堡内的花园景观
Seville Alcazar, Spain

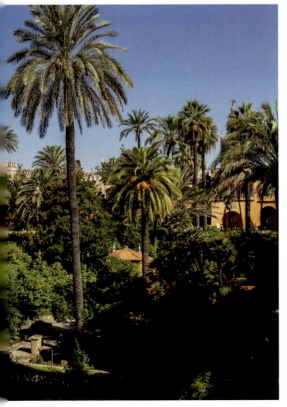

16世纪中叶,查理五世(Charles Ⅴ)通过建造具有文艺复兴风格的建筑,对城堡宫殿进行了再次扩建。扩建的建筑与早先的建筑风格相结合,产生一种奇特的文化混合。各个时期的景观建筑互相叠加并结合在一起。如摩尔式的水池围着围墙,查理五世的凉亭进行了与摩尔式相似的布置,这种处理大大得益于摩尔人的艺术特点,见下文案例。

12 欧陆诸流派
西班牙、英国、荷兰、德国等

12-17

12-18

图12-17　城堡宫殿内的少女花园
塞维利亚

图12-18　塞维利亚历史街区内的纪念广场

图12-19　凉亭的处理方式
与摩尔式相似

图12-20　塞维利亚主教堂内的庭院
俯瞰

12-19

12-20

图12-21　泰晤士河沿岸自然景观

伦敦

River Thames, London

17世纪的英国景观尚处在对法国与意大利的学步阶段。在法国从森林中规划出的林荫道，到了英格兰便成了敞开式的林荫道，且遍布英国的城乡，惟独在一些边缘景观的布置上，尚较好地保留着一些英国的特色。伦敦的泰晤士河沿岸的景观带便是一例。

图12-22　从伦敦千禧桥远眺圣保罗大教堂

沿泰晤士河行至圣保罗穹顶，呈现河岸景观高潮：圣保罗穹顶高耸的圆顶统辖着变化多端的天际线。穿过伦敦桥便到了格林威治医院，尽管这是个由不同时代和不同的建筑师设计的建筑大杂烩，但它在所有的英国景观内是一处最具有纪念性和最为协调的历史景观。

图12-23　穿越市政建筑与宫殿的河道两岸

泰晤士河

从汉普顿宫至格林威治宫的河道两岸绿草如茵，树木茂盛，并建有各式的宫殿与花园。河岸一端是1669年部分重建的汉普顿宫，一座都铎王朝的宫殿，被誉为英国的凡尔赛宫（见前文）。虽然花园精巧迷人，但推敲起来还是缺少勒·诺特尔的娴熟和细致。即便如此，倘若泛舟顺流而下，两岸景色如画卷般有序展开。

图12-24　罗宫

阿培尔顿,荷兰

Paleis Het Loo, Apeldoorn, Holland

昔日荷兰皇室的皇宫花园,被誉为荷兰的凡尔赛。荷兰人非常欣赏17世纪法国的造园风格,但他们还是采用了理智并量力而行的做法,如适当地减小造园的规模和尺度来适应荷兰的地形和社会条件等,罗宫花园的建造正体现了这一点。

图12-25　罗宫花园景观

像凡尔赛一样,罗宫花园的前身是一个皇家猎场。建造始于1689年,由荷兰建筑师雅克·罗曼(Jacob Roman, 1661—1716)与法国设计师丹尼尔·莫莱(Daniel Marol, 1661—1752)共同完成。可以从明确的中轴线、对称的花坛及古典雕像等觉察出设计者对凡尔赛的效仿,但最主要的变化是缩小尺度,并且缺少自然和人工之间的有机过渡,因而稍显压抑。

图12-26　罗宫花园景观

荷兰园林与17世纪法国园林的差别在于:一方面,荷兰是在一片矩形界限里运用巴洛克元素来造园,突显文艺复兴风格;另一方面,两者在水渠上的用意是完全不同的。法国凡尔赛等园林中的水渠均用来灌溉花园,也作为装饰而强调,成为花园景观的主轴线;而在荷兰,因大部分国土都在海平面以下,水渠网既是划分疆域的界限,也是交通的干线,但是不起轴线作用。但荷兰园林风格还是深远地影响了后世,尤其体现于花坛形态的精致多变,既有法式的精巧,又含有伊斯兰织物的几何花结风格,且不失浓重的本土气息。

12 欧陆诸流派
西班牙、英国、荷兰、德国等

图12-27　布吕尔的奥古斯都堡与猎趣园

鸟瞰，德国，1726

Augustusburg and Falkenlust Palaces, Germany

奥古斯都堡是在一座中世纪皇城的基础上改造而成的，堡内的南部庭园是典型的巴洛克式风格，曾被誉为世界上最美庭园之一。文艺复兴后期，德国并未接纳过多意大利风格，直到18世纪后才有所改变。当时德国盛行的新园林混合了法国、荷兰、意大利的影响，虽然风格众多却没能相互融合，反倒形成德国的自我格调。许多郊野别墅、主教府邸、王公城堡等都有围合的花园，这种文艺复兴风格的园子被划分成矩形空间，但轴线与周围建筑却没有太密切的关联。园中细节包括精美花坛、绿篱、拱廊、栏杆平台、雕塑喷泉、假山洞穴和露台等。

图12-28　从庭园望向城堡

奥古斯都堡

图12-29　本拉特城堡花园
从花园中看夏宫的主建筑,德国
Benrath, Germany

图12-30　宫殿花园绘制图
海德堡城堡,德国,1615
Hortus Palatinus, Heidelberg, Germany

德国17世纪最有名的城堡庭园,由考斯(Salomon de Caus)为皇室所建,花园建
在峡谷的高地上,由一系列的高台组成并被分成许多区域,各种露台、喷泉、雕塑交
互点缀。考斯还在园中设计了许多机关水景,如音乐喷泉等,甚至还能演奏他自己
创作的乐曲。城堡在1618年至1648年的"三十年战争"(Dreiβigjähriger Krieg)
中被破坏,之后,17世纪的另一场战争彻底摧毁了这所园子,再也未能修复。

12 欧陆诸流派
西班牙、英国、荷兰、德国等

图 12-31　宫殿花园的遗址
海德堡

　　"三十年战争"之后，德国人开始更多地受到法国风格的影响。德国的王公贵族们从法国请来了大批的园艺师和喷泉设计师，也引入了法国的设计理论，并对法国的园林进行了修改，与当地风格相融合，其间也受到了荷兰的影响。总的来说，17世纪的德国因为政治的动荡，王公贵族们在造园中总是倾向于表达一种专制的力量和对主权的控制，而法国凡尔赛比其他风格更能表达这种渴求。

13

寄情山水间

中国、日本的山水园林

十七世纪，以法国古典主义园林为代表的欧洲景观设计已经发展到了日臻完美的境地，中国古典园林也在这一时期进入鼎盛阶段。明代中叶起，江南私家园林和北方宫苑并峙南北。十七世纪初，北京海淀一带名园迭起，清华园、勺园等都名噪一时。南京、吴兴、苏州及杭州等地的私家园林更是多不胜数。清康熙和乾隆年间，朝廷大兴土木，营建了畅春园、圆明园、长春园等一大批宫苑，其中以圆明园和承德避暑山庄最负盛名。这时期，康熙皇帝和乾隆皇帝曾多次下江南，游历名园，汲取江南私园精华，移植于北方的宫苑之中，促进了园林南北派系的交流。如同路易十四营

建凡尔赛宫一样，这段时期是中国封建社会政治、经济和文化的最后一次高潮。从这个意义上看，北京的圆明园和承德的避暑山庄是最杰出的代表。

明清时期也是古典园林美学思想的总结时期。这一时期还涌现出像造园理论家计成和著名造园师张涟等人。中西方差不多在相同的时刻，同时到达了造园艺术成熟的境地。大量的文人山水园林以新的风貌出现在江南，成为中国古典园林的主流。独特的造园手法与艺术成就使江南园林成为一个艺术系统，得以和北方宫苑艺术系统相互争衡，平分秋色。

图 13-1　烟雨楼

承德避暑山庄

乾隆十五年（1750）仿浙江嘉兴南湖之烟雨楼而建，位于如意洲之北的青莲岛上。楼自南而北，前为门殿，后有楼两层，红柱青瓦，面阔五间，进深二间，单檐，四周有廊。上层中间悬有乾隆御书"烟雨楼"匾额。

图 13-2　承德避暑山庄绘制图

图 13-3　长春园西洋楼遗址

北京圆明园

长春园在圆明园东侧，始建于乾隆十年（1745）前后。意大利传教士郎世宁（Giuseppe Castiglione，1688—1766）和法国传教士蒋友仁（R. Michel Benoist，1715—1744）设计监修，1860年被英法联军焚毁，1900年再遭八国联军破坏。

图 13-4　苏州拙政园

苏州现存最大的古典园林，全园以水为中心，山水萦绕，厅榭精美，花木繁茂，具有浓郁的江南水乡特色。花园分为东、中、西三部分，东花园开阔疏朗，中花园为全园精华所在，西花园建筑精美，各具特色。园南为住宅区，体现典型江南地区传统民居多进的格局。

13-1	13-2
	13-3
	13-4

图 13-5　香洲
苏州拙政园

拙政园中的标志性景观之一，为典型的"舫"式的结构，有两层舱楼"舫"式建筑常见于中国园林，通常置于水边。

图 13-6　冠云峰
苏州留园

苏州园林著名的庭院置石之一，充分体现了太湖石"瘦、漏、透、皱"的特点，相传为宋代花石纲遗物。以石置景是中国传统园林的一大特点。

13.1
道法自然

中国古典园林是一种自然山水式的园林，造园的宗旨就是追求天然之趣的艺术境界。它结合自然和人工的因素，融艺术境界与现实生活于一体，创造了一种"可望、可行、可游、可居"的园林空间。中国古典园林里集中体现了中国古代对自然美的认识发展过程。

传统的中国园林中，几个重要的构成要素是：山、水、建筑和植物。人类的存在渗透到山、水、树、石之中，并且通过对环境的优化表达出自己的情感和智慧。看似随意布置，然而每件事物都在其应在的位置上，秾纤得宜，修短合度，虽由人作，宛自天成。

境生象外

　　"意境"是中国古典美学的特殊范畴,在明清的园林美学思想中表达得更为清晰、细致。园林的意境同诗歌、绘画的意境有所不同,它们是以不同的媒介表现的,但是它们之间在美学上的共同之处就是"境生于象外"。诗境、画境都不是局限于有限的物象,而是要在有限中见出无限。同样,园林所求的"境",也不是一个孤立的物象,不是一座孤立的园子,或一片有限的风景,而是要有"象外之象,景外之景"。所以明清园林美学中就十分强调这种"景外之景"的创造。

13 寄情山水间
中国、日本的山水园林

图13-7	留园借景"又一村"	借景是古典园林建筑常用的构景手段之一，即在视力所及范围内将好的景色组织到园林视线中的手法。园林中的借景有"收无限于有限之中"的妙用（详见下文13.2"空间延伸"），如开辟赏景透视线，去除障碍物，提升视景点的高度，突破园林界限，借虚景等。留园中常用的手法之一是借助圆形门洞将外部景色"借"入视线。
图13-8	拙政园内的复廊	行于临水一侧可观水景，漏窗隐约可窥园内古木苍翠。复廊将园外的水和园内的山互相连在一起，亦是江南园林独特的手法之一。

返璞归真

作为"道法自然"这一原理的补充，返璞归真的思想为文人群体追求虚极静笃的境界提供了具体途径，使之逃避世俗喧嚣，找到自我和通向"道"的真谛之路，在自然中寄托丰富情感。这种对艺术自然天性的追求，必然影响了中国文人的生活方式。尤其是园林小径、山石、木架等，不需要过分装饰，只需懂得"道法自然"，使人沉思，找到自我，找寻生命的价值和意义。明清园林也因此成为文人抒发自我情感、生活态度乃至政治观点的主要手段。

13.2

经营有道

　　看似不经意的自然布置，但中国古典园林的美学体系在明清时期已经日臻完善，并形成自己的设计体系和评价标准。所有的美学标准都体现为具体的设计法则，总结起来这些法则包括：经营布局、空间延伸、曲径通幽、意境营造等。这样的主题划分不仅是考虑到了一般景观设计的过程，更在一定程度上表达了中国古代传统美学思想与环境设计的渊源。

寄情山水间
中国、日本的山水园林

图 13-9 颐和园万寿山佛香阁

乾隆十五年（1750）为庆祝皇太后六十寿辰建延寿寺，次年将瓮山改名为万寿山，并将开拓昆明湖的土方按照原布局的需要堆放在山上，使东西两坡舒缓而对称，成为全园的主体，并将延寿寺改建成八面三层四重佛香阁，成为全园的中心和颐和园的标志建筑。

图 13-10 拙政园之水上回廊

回廊在园林中的作用更多的是组织起观赏的游线，而拙政园中的这道回廊则更多的是让游园者在行进中获得更多的愉悦和体验：漫步廊中，临水观鱼翔浅底；透过漏窗，窥内园春光无限。

经营布局

在园林设计中，"经营位置"是首要的原则，因为空间关系是园林中各要素最基本的和具有决定性的因素。广义上说，它指的是空间比例的问题，当涉及园林的布局时，它就成为对设计具有直接影响的关键问题。如空间构成的序列、中心景物之间的距离、围合与开放空间的比例等等。丰富的空间形态鼓励观赏者主观的审美反应和能动的参与，从而获得更高的审美愉悦。

空间延伸

　　园林的空间是有限的。空间的延伸对于有限的园林空间获得更为丰富的层次感具有重要作用。这意味着在空间序列的设计上突破场地的物质边界，有效地丰富场地与周边环境之间的关系，造园中常用的手法即是"借景"。

　　空间的延伸感对于苑囿与自然环境之间关系的协调依然是十分重要的。行之有效的手法包括利用框景形成各部分景观之间的呼应，利用借景获得周围环境与主体景观形成的和谐构图，以及设计具有象征性的地标景物将周围环境统一起来。

图13-11　苏州沧浪亭

沧浪亭造园艺术与众不同，未进园门便设一池绿水绕于园外。蜿蜒的河道将园林与城市分开，曲折伸展的长廊与河畔树木亭台等景物共同组成了"边界"，既分隔了空间，又为行人提供美好景色。城市空间与园林之间相互渗透，边界仿佛消失了。

图13-12　沧浪亭园外回廊"边界"

13-9	13-11
13-10	13-12

13 寄情山水间
中国、日本的山水园林

曲径通幽

曲径通幽是中国的造园家偏爱的含蓄的表达方法，意味着在展示事物的时候给以暗示，为人们留下想象的空间。这一观念在中国明清时期园林的设计实践中被普遍地采用，以至于如今它已经成为园林设计的原则之一。曲折的路径并不仅仅意味着运动路线的形态，更为重要的是它产生了"步移景异"的观赏效果。游线曲折的要求意味着蜿蜒变化的空间路线，它的目的是含蓄地表达空间，从而丰富园林带给人的感受和想象。

图13-13　冬日雪景沧浪亭

图13-14　从拙政园内远眺北寺塔

北寺塔（又称报恩寺塔），是苏州最古老的一座佛塔，距今已有1700余年历史。该塔距拙政园数里远，造园者为借此景，刻意留出树影疏朗之处，并以近处小亭陪衬，以求深远之意境。

图13-15　沧浪亭的游廊

入园，但见绿水隔岸的漏窗和长廊，看到却不能接近，引游人探寻。见山，沧浪亭就在其上，古朴简洁，柱联"清风明月本无价，近水远山皆有情"。

图13-16　留园内的曲折回廊

寄情山水间
中国、日本的山水园林

图13-17　园景小品"香睡春浓"
苏州网师园

仅仅是主园北门外的一组园景小品。墙前孤植单本海棠，略点湖石，砖额题"香睡春浓"，景本平常，只因这一"香睡春浓"，暗喻杨贵妃，顿生多少感慨。"海棠春睡"原为贵妃的代名词，美人风韵的象征。明皇哀叹："谁承望马嵬坡尘土中，可惜把一朵海棠花零落了。"（元白朴《梧桐雨》）

图13-18　廊桥"小飞虹"
苏州拙政园

一道长廊横越水面，将池水分为两个部分。从水面一侧看去，长廊就像一道半透屏风：长廊一侧的景色掩映其间，层次丰富深远；另一侧则相对封闭，私密安静，适合休憩饮茶，静心养神。"小飞虹"仅是廊桥一座，而设计使之产生了丰富的审美体验。

图13-19　普陀宗乘之庙
承德避暑山庄

普陀宗乘之庙为承德外八庙中规模最宏大者。建于乾隆三十六年（1771），依山就势，布局自然，富于变化，藏传佛教的建筑风格，全庙布局、气势系仿拉萨布达拉宫。

13.3

南北园林

从历史发展的角度来看，江南私家园林同北方宫苑各自占有独特的优势。清代康熙、乾隆多次下江南，促使北方宫苑在营建中多方吸取江南文人写意园的布局、结构、风韵、情趣之长，甚至以其为蓝本，从而不同程度地改变了北方宫苑原有的自然山水园的风貌。

13　寄情山水间
中国、日本的山水园林

图13-20　金山亭
承德避暑山庄

金山亭位于如意洲以东，与澄湖相对。由山石堆砌，三面临湖，一面溪涧。金山本在江苏镇江，康熙南巡时多次登临，醉心于江流天际景色，回京后在山庄的澄湖东部筑了金山岛。

承德避暑山庄

　　清康熙年间，为了强化边陲防卫，清朝创立武装北巡和军事围猎制度，在距京师东北千里之遥的山峦间建立了规模巨大的猎场——木兰围场，以作训练军队和联络蒙古王公的场所。康熙四十二年（1703）在北巡路线中间，择山水秀美的热河盆地建立了热河行宫，即避暑山庄。同时陆续营建沿线行宫。至乾隆五十五年（1790），历时87年，建成避暑山庄以及附设庙宇——"外八庙"（共十二座）。它与京城至木兰围场之间的其他行宫一起，形成了一条长达千里的景观长廊。

　　热河盆地位于燕山山脉西端，海拔在1000米以上，是夏季凉爽的避暑胜地。清雍正十一年（1733），被皇帝赐名"承德"。从乾隆年间起，皇帝每年都来此避暑，成为当时清廷的主要离宫。山庄占地3.64平方公里，周围宫墙环绕。山庄内五分之四为山地，其余为平地和水面。全盛时期，山庄共有各类建筑120座，达10万平方米。山庄自道光后日渐衰败，民国时更遭地方军阀肆意破坏，建筑只剩下原来的十分之一。

　　山庄可分为宫和苑两大部分，宫殿建筑只占整个山庄建筑的很小一部分。而山庄园林艺术成就，主要体现在"苑"之中。苑也是山庄的主要内容。从地形上分，苑又可分为湖沼、平原和山岳三部分。

图13-21　"水流云在"
承德避暑山庄

山庄内"水流云在"位于"暖溜暄波"引武烈河水汇入澄湖处,是湖北岸最西面的一座亭。因其湖水连空,水流云静,取杜甫诗"水流心不竞,云在意俱迟"的意境而命名。

　　组成避暑山庄园林景观的除了山庄内的众多建筑、湖泊、山地等因素外,山庄外的许多自然地貌和天然景观也是山庄景观的"借景"对象。同时,围绕山庄的东面和北面山地所建的寺庙也是一项重要的景观因素。其实在如画般的中国园林中,这些所谓的借景或景观要素,实则是人工(或人为)的力量以另一种形式出现。纵观避暑山庄的楼台亭阁、山石树木的布局都是以参差不一、错落有致为特点,构成天趣之乐。

13-20	13-21

江南私园

　　江南私家园林,多建在城市之中或近郊,与住宅相联。私家宅园多是在有限空间内因阜掇山,因洼疏地,兴建亭、台、楼、阁,植以树木花草,以求在喧闹的城市坊间谋求"山林野趣"。比较集中于苏州、扬州、杭州、南京等地,尤以苏州最为典型。明清封建社会末期,

13 寄情山水间
中国、日本的山水园林

图13-22　远香堂（左）与倚玉轩（右）
苏州拙政园

拙政园五分之三为水面，造园者因地制宜，不同形体的建筑物都傍水而建。远香堂为中部主景区的主体建筑，位于水池南岸，隔池与东西两山岛相望，池水清澈广阔，遍植荷花。远香堂之西的"倚玉轩"与其西侧舫形的"香洲"遥遥相对，两者与其北面的"荷风四面"亭成三足鼎立之势，都可随势赏荷。

图13-23　见山楼
苏州拙政园

见山楼三面环水，一侧傍山，是一座江南风格的民居式楼房，重檐卷棚，歇山顶，坡度平缓，粉墙黛瓦，色彩淡雅，楼上的明瓦窗，保持了古朴之风。底层称"藕香榭"，上层为"见山楼"，意取陶渊明诗曰："采菊东篱下，悠然见南山。"

苏州造园风行。官僚、文人、商贾等争相造园，盛行达三百余年之久，留下佳园无数。谓之"江南园林甲天下，苏州园林甲江南"。江南私家园林是以叠山理水为主要营造手法的自然式风景山水园林。江南一带河湖密布，又有玲珑剔透的太湖石等造园材料；此外，物产丰富，气候适宜，植物繁茂，百工俱全，这些都为造园提供了有利的条件。

江南私家园林大多占地甚少，小者一二亩，大者数十亩。故在园景的处理上，擅长在有限空间内有较大的变化，巧妙地组成千变万化的景区和游览路线。常用粉墙、花窗或长廊来分割园景空间，但又隔而不断，掩映有趣。通过画框似的一个个漏窗，形成不同的画面，变幻无穷，堂奥纵深，激发游人探幽的兴致。有虚有实，步移景换，主次分明，景多意深，其趣无穷。咫尺天涯，以小见大，追求空间的变化，风格素雅精巧，达到平中求趣，拙间取华的意境。自明迄今，据记载有七十多处，较著名的如沧浪亭、拙政园、留园、网师园和环秀山庄等。

图13-24　冠云诸峰
苏州留园

峰石美景"留园三峰",高耸奇特而冠世,又具嵌空瘦挺之妙,隔沼与鸳鸯馆相望,成为极好的对景。左右又有瑞云和灿云两峰作伴,成为江南园林中峰石最为集中的一景。

图13-25　集虚斋远眺
苏州网师园

网师园旧称"渔隐"。清乾隆时重修,取其旧义,改名网师园。它是园与居住相结合的宅园,园在宅西,全宅面积约九亩,以布局紧凑、建筑精巧与空间尺度比例良好著称,是当地中型园林代表作。
园中部凿池,岸周叠砌石矶、假山。北岸"看松读画轩"与"集虚斋"退隐于"松石轩"之后,而东北角的"竹外一枝轩"以其玲珑空透突出于诸景之前,使建筑有前后空间变化。东侧厅屋的巨大山墙,因局部作了处理而不显得呆板,从各个角度都能构成良好画面。

图13-26　殿春簃
苏州网师园

殿春簃是网师园内一景,以梅和芍药闻名。院内小轩两间,另有复室,竹、石、梅、蕉隐于室内后窗几块小小的空地上,假山靠墙处,有"冷泉亭",亭旁泉水清澈见底,又有滴水叮咚,形成殿春簃清凉幽静境界,又有拨动心弦之动境之意。占地仅一亩,庭院构思却有极妙之处。

13　寄情山水间
中国、日本的山水园林

13.4

日出扶桑

与中国"一衣带水"的邻邦日本，在文化与造园设计上与中国有着许多相似的地方。日本曾一度以中国文化为蓝本，从中国古老的文明中汲取营养。而在长期发展过程中，日本的造园与景观设计又形成了自己的特色，并且在世界范围内达到了相当的成就。

无涯的海洋与天空，对生活在岛屿上的日本人的思想与宗教有极大的影响。神道（Shinto）以一个非常整体的观念来看世界。在原始时期，日本人的原始信仰是多元的。他们崇拜太阳、月亮、大海、土地、高山、清泉与石头，信奉风、雷、电、风、火之神或制造地震的可怕神灵。接受中国禅学思想的日本佛教在日本又与神道教义结合，从而构成了日本人带有浓厚宗教色彩的景观设计思想。

日本早期的建筑形制大多来自中国汉唐时代的样式，现保存在日本奈良的唐招提寺等建筑，可以看出中国唐代木构建筑的遗风。日本主要的景观建筑类型大多在中国古典建筑样式的基础上发展起来的。

13-28

13-29

图13-27　姬路城堡
日本兵库县

日本幕府时代的一座藩国领主卫城,日本现存的古代城堡中规模最宏大、风格最典雅的一座代表性城堡,也代表着江户时代日本最高造城技术。

图13-28　唐招提寺金堂
日本奈良

公元759年由中国唐朝高僧鉴真所建。内设有金堂、讲堂、经藏、宝藏以及礼堂、鼓楼等建筑物。其中金堂最大,以建筑精美著称。

图13-29　法隆寺
日本奈良

位于日本奈良生驹郡斑鸠町,是圣德太子于飞鸟时代建造的佛教木结构寺庙,据传始建于607年,但是已无从考证。建筑设计受中国南北朝建筑的影响。寺内有40多座建筑物,保存着数百件7—8世纪的艺术精品。

13 寄情山水间
中国、日本的山水园林

图13-30　严岛神社"大鸟居"远眺

"鸟居"是一种类似于中国牌坊的日式建筑,常设于通向神社的大道上或神社周围的木栅栏处。主要用以区分神域与人类所居住的世俗界,代表着神域的入口,可以将它视为一种"门"。

　　日本的景观设计始于神道祭祀和宫廷仪式的需要,因此组织了铺有卵石的院落。随即院内引入了林木、石头等基本自然元素。后来,又添加了假山、岛屿和桥。园林景观的形式也就逐渐被改变,构成了日本最早的园林格局。镰仓时期(1183—1332),社会动荡,佛教的殿堂和户外环境成为了理想的精神避难所。到了室町时代(1333—1573)和桃山时期(1573—1615),受中国宋代文化影响,与日常生活联系密切的世俗花园再度流行,园林艺术达到了最高水准。禅宗的发达则促成了寺院景观艺术的产生。在江户时期(1615—1868),民间茶舍的石阶步道也发展成为可供游览活动的花园。而石灯笼、盥洗器具也作为一些新的景点或构件出现,唯美倾向开始抬头,出现了"借"景的手法,成簇栽植树木,强调抽象的构图。

图13-31　龙安寺的"枯山水"方丈庭园
日本京都

约建于1488—1499年，石庭呈矩形，占地面积仅330平方米，庭园地形平坦，由15块大小不一之山石及大片灰色细卵石铺地所构成，石以二、三或五为一组，共分五组，石组以苔镶边，往外是耙制而成的同心波纹。石群看起来好像随意放置，却传达了一种和谐静谧的现实感觉。

图13-32　桂离宫的松琴亭
日本京都

桂离宫是日本17世纪的庭园建筑群，位于京都市西京区。为王朝赏月的胜地，是日本各种建筑和庭园巧妙结合的典型代表。松琴亭为宫中一茶室，用草顶、土墙、竹格窗等最简单的材料和构件构成，简朴、雅致，是"草庵风茶室"的典型的例子。

13　寄情山水间
中国、日本的山水园林

图13-33　修学院离宫内的庭园
日本京都

日本最大的庭园建筑群,三大皇家园林之一。位于京都市左京区修学院町,1659年竣工。离宫建造在比叡山麓,庭园占地约26500平方米,加上园内山林约156400平方米,分上、中、下3处山庄。以修学院山为借景,有宽阔的庭园以及优美的氛围,为日本具有代表性的景观。

图13-34　曼殊院的数寄屋式庭院
日本京都

数寄屋是一种平台规整、讲究实用的日本田园式住宅,是取茶室风格意匠与书院式住宅加以融合的产物。数寄屋将松散的自然景观以人工再造的方式进行紧凑的组合,利用推拉门的帐子获得柔和的光线,茶庭的栅栏在内外之间起着分离又联系的作用,极力追求与自然的联系,为日本美学的象征。

　　日本文化是一种以非常独特的形式发展起来的文化。日本的庭园风格很大程度上受中国园林,尤其是江南私家园林的影响,在后期又演变为具有日本特色的庭园。由早期的池泉庭园、寝殿造庭园、净土庭园发展到枯山水(书院造)庭园、茶庭、回游庭园、江户园林,在世界的园林设计风格中独树一帜。

14

观念的演变
18 世纪的西方景观设计

18 世纪的欧洲景观设计主要由三种思想流派共同推动发展，分别是：

- 起源于意大利的巴洛克风格，或者说是经由法国被大多数欧陆国家所仿效并赶超的西方古典主义（Western Classicism）。
- 尚未被法国人认识到内在象征本质的，只注意到繁琐与新奇的一面而表现肤浅的东方猎奇的"中国风"。
- 除建筑外，在景观设计上反古典主义风格，主张将自由思想的表达与英国起伏的自然地形相结合的英国学派。该学派最初起源于英国本土文学，其美学根源是意大利的古典风景画，到了 18 世纪中叶，该学派最终与"仿华式"（Chinoiserie）结合在一起，造就了与中国园林艺术、意大利文艺复兴风格和法国规则园林有着相当地位的英国本土景观。

图14-1　潘恩歇尔的河岸景观
英国萨里
Painshill, Surrey, U.K.

14.1

统领的风采——
西方古典主义

整个18世纪期间，意大利和法国的古典主义几乎引领了欧洲其他国家的景观设计。客观地说，意大利巴洛克风格的盛行主要是通过威尼斯画家提埃波罗（Giovanni Battista Tiepolo，1696—1770）、卡那雷托（Giovanni Antonio Canaletto，1697—1768）、瓜尔迪（Francesco Guardi，1712—1793）及罗马建筑师萨尔维（Nicola Salvi，1697—1751）、德桑克蒂斯（Francesco de' Sanctis，1693—1740）等在绘画和景观设计上的发展。与此同时，在法国，凡尔赛宫和巴黎图勒里（Tuileries）市的扩建也同样成为了当时景观设计的重中之重。在这两个大型项目的基础上还开始尝试将景观设计与城市设计相结合的一系列实践活动。

在这一时期，由绿树成行的林荫大道所构成的令人瞩目的环境成为18世纪中叶欧洲道路的主要形式。在这些道路中，一种借助于几何学来推动规则空间发展的景观模式显露无疑，城市中所有的广场和街道也都通过宽阔而绿树茂密的林荫道与经过修剪的植物围合而成的开放空间来连接，至此形成了西方古典主义景观风格的两个重要源头。

	14-2
14-1	14-3 14-4

图14-2　斯坦尼斯拉斯广场
法国南锡，1755
The Place Stanislas

图14-3　威廉高地公园
德国，1701—1717
Wilhelmshohe

欧洲最大的巴洛克式山林公园，占地2.5平方公里，依山而建。其规划同时兼有意大利、法国和英国多重元素。客观地说，在整个18世纪期间，法国古典主义的影响与意大利的形式主义在西方各国的体现是混合在一起的，此时除了荷兰和葡萄牙外，古典主义的景观设计主要受到法国的影响，建筑则多受到意大利的影响。

图14-4　威廉高地公园
内部园景，手法主义风格

观念的演变
18 世纪的西方景观设计

图14-5　贝维蒂尔庄园
宫殿前的跌水，维也纳，1700—1723
Belvedere, Vienna

设计师为卢卡斯·冯·海尔德布兰特（Lukas von Hilderanolt）和弗兰克斯·吉拉德（Francois Girad）。整座庄园设立在一片斜坡上，主要由上宫、下宫与花园组成。浓密的树荫和被修剪得整齐划一的绿色围墙将花园分割成多个区域，建筑作为一种环境要素融入了花园、平台、大台阶、林荫路、喷泉和人工湖所界定的范围之中。

图14-6　贝维蒂尔庄园
花园全景

从整体布局来看，与勒·诺特尔的风格有着明显的不同，上宫的花园显示了建筑性和稳定性，从上层突出的台地上看到的全园及天空的倒影，使花园层层延伸，仿佛超出了严格的边界。

14-5	14-7
14-6	14-8

图14-7　卡尔斯鲁厄宫
鸟瞰，德国，1709
Karlsruhe

单从城市规划的角度来讲，这一时期的一些法式设计在规模尺度上并不那么协调，但仍然有盲目模仿法国的大独裁君主制，试图超越凡尔赛，使古典主义独裁统治的理念达到极致。本案与前文所提的威廉高地公园是当时德国的两个典型实例。卡尔斯鲁厄宫从宫殿的八角形中心向外放射出32条林荫大道。其中，建筑背后的道路划分了园林，前面的道路则形成了这个新城的基本构架。威廉高地公园的规划方案也是对法式空间形式的盲目推崇，对于资源较少的德国公国来说显得格外庞大。

图14-8　卡尔斯鲁厄宫
正前方眺望远方

观念的演变
18世纪的西方景观设计

图14-9　冬宫广场
俄罗斯圣彼得堡
Palace Square, Saint Petersburg, Russia

沙皇俄国的景观建筑也在法国、意大利巴洛克风格以及自身东方风格的影响下，变得更具独立性和全球性。尤其是在亚历山大沙皇一世和尼古拉斯沙皇一世执政统治下，建筑师卡罗·罗斯（Carlo Rossi, 1775—1849）在冬宫前面建造了世界上最大和最具影响力的广场之一——冬宫广场。在建筑弧形的臂弯里，广场南部成半圆形，中心竖立着一根由整块完整的花岗岩抛光而成的亚历山大纪念柱，高达47米，蔚为壮观。

图14-10　许愿泉
雕塑近景

图14-11　许愿泉
罗马，1732—1762
Trevi Fountain, Rome

受伯尼尼（Bernini）的影响，由建筑师N. 塞尔维（N. Salvi）和G. 潘尼尼（G. Pannini）、雕塑家菲利坡·德拉·维勒（Fillippo della Valle）和P. 伯莱西（P. Bracci）合作设计。运用纯抽象的设计手法，在自然岩石外表形态的混乱无序之中，创造出了秩序与和谐，是古典景观艺术之杰作，象征着自然与人类的关系正在从征服与被征服的关系转变为一种相互合作的关系。

路易十四为满足虚荣心扩建凡尔赛宫的同时，中国正处在历史上前所未有的康乾盛世。酷爱艺术的君主推动了中国园林艺术发展，促使以颐和园为标志的皇家园林艺术达到了顶峰。这一时期，以避暑山庄、圆明园、颐和园为代表的中国三大皇家园林陆续兴建，在继承了中国传统造园艺术的同时，也与凡尔赛宫一味追求一览无余、恢弘气派、不惜花费大量人力物力完成场地改造的方式形成鲜明对比。中国园林的独特魅力在于借用人工对自然环境因地制宜的合理开发、空间序列的循环往复与互不对称的景观布局，这一切让为数众多的西方人大为惊叹而好奇。

事实上，有关中国景观设计的经典早在1687年（即康熙二十六年）就被传入法国。1697年，德国人莱布尼茨（Gottfried Leibniz, 1646—1716）用拉丁文出版了著名的《中国传奇》一书。这部在当时极受欢迎、很快再版的书收集了许多关于中国的报道、通信和文献。特别值得注意的是在序言中，莱布尼茨将中西文化进行了对比分析，强调西方要向中国学习，在学习许多具体的东西之前，首先要学习中国的实践哲学和养生之道。1728年贝提·兰格里（Batty Langley）的《造园新原理》（New Principles of Gardening）也同样阐述了仿华式平面的规划与传统的经典融合于一体的理论。1757年、1772年，英国园林师威廉姆·钱伯斯（William Chambers, 1723—1796）相继发表了《中国建筑设计》（Design of Chinese Buildings）、《东方造园泛论》（A Dissertation on Oriental Gardening）等著作，将中国园林介绍给了英国，主张在英国园林中引入中式情调的建筑小品。钱伯斯的倡议很快使中式风格流行起来，也激励了不少英国人陆续来到中国研修造园艺术。

与此同时，这一时期也是浪漫主义在英国流行的时代，富有山林意趣、自然美感的中式园林非常符合英国田园生活的传统和喜好猎奇的心态。直至18世纪中叶，中国风在英国已有实质性的影响。但这些仿造物并没能够真正领悟到中国传统园林中的象征寓意，而是与其他风格混搭集锦，成为一股带着多重血统的混合式园林风格。

14.2

猎奇的集锦——
中国风

图14-12 《东方造园泛论》
A Dissertation on Oriental Gardening

14-9 14-10	
14-11	14-12

观念的演变
18世纪的西方景观设计

图14-13　皇家庄园内的中国塔
伦敦，1761

钱伯斯设计，坐落于泰晤士河南岸的皇家庄园内，为奥古斯都王妃设计建造。塔呈八角形，朱红色，该塔被视为当时西方人对中国风格的首次模仿。塔身总高48.8米，共分10层，坐落于该园宁静的南部，底层的裙房由一圈副阶廊子扩展而成，塔身为灰砖造，外附木眺台，内有螺旋状木楼梯。该塔体现了英国人对东方建筑的浓厚兴趣。

图14-14　伯尔歇·开普瑞茨亭
圣彼得堡，1779
Bolshoi Kapriz

夸伦吉（Quarenghi）设计，位于为凯瑟琳大帝设计的察斯柯·塞罗宫苑，同样是一个集合了当时所有流行风格的混合体。园内包含一个独具魅力的仿华式水景园，沿着河流回转曲折，以伯尔歇·开普瑞茨亭（Bolshoi Kapriz）及周边由苏格兰建筑师凯密伦（Cameron）设计的中国村将中国元素的影响推向高潮。此外，园内宫殿建筑本身是意大利巴洛克式的，而从宫殿延伸出去的花园是法国式的，帕拉第奥式的桥梁则跨卧在按英式公园设计的巨大湖面上。

图14-15　霍华德城堡南立面与前方景观
英国约克郡，1701
Castle Howard

约翰·凡布鲁爵士（Sir John Vonbrugh，1664—1726）设计。英国学派最初也只是将中国式曲线结合古典主义形式的平面，直至在霍华德城堡的设计中才将新旧两种流派结合了起来，展示出革命性的观点。城堡中，古典主义的府邸建筑不再与延伸出去的大道相连，而是与轴线相平行；位于风景中心的府邸与道路没有明显的连接，表明设计师坚信建筑应该完全与外部世界相隔离。为了能够在尺度巨大的花园内更好地眺望南边的景色，设计师甚至拆除了一座帕拉第奥时代的圆顶房子。

18世纪中叶，出于长期以来隐藏在心中的对自然的向往，以及中国式园林风格在英国的传播，英国人的自然观有了极大的升华，直接影响并催生了英式园林的兴起。该流派主张景观设计的目标在于追求不规则性，排斥所有轴线、对称、修剪植物、花坛、水渠等被认为是规则或不自然的东西，崇尚以天然草地、树林、湖泊、池沼为基础的田园牧歌式风光，具有能与英国本土自然气候、地理条件和社会特征相协调一致的独特设计手法。在之后一系列设计作品的极力表现和推动之下，英国景观学派独特的艺术审美价值以一种更为直观的形式为世人所共识，最终成为了足与意大利和法国式园林相抗衡的又一体系。

14.3

浪漫的画集——英国学派

14-13 14-14 14-15

观念的演变

18世纪的西方景观设计

图14-16 霍华德城堡北立面与前方景观　　　　图14-18 卡梅若门上的炮垛门头

图14-17 屹立在土豆田上的陵墓建筑
霍华德城堡

图14-19 卡梅若门
霍华德城堡，1730
Carrmire, Castle Howard

尼古拉斯·郝克斯莫尔（Nicholas Hawksmoor，1661—1736）设计，位于霍华德城堡内。门头带有炮垛，其后又有一座比之建造时间更早的雄伟的金字塔大门（1719）。在这座堪称是英国园林中最独一无二的园子里，早期罗马哥特式的城垛、帕拉第奥式的桥与起伏的地形和逐渐变成田地的河床，共同绘就了一幅集古典气息与如画风景于一体的美丽画面。以此为起点，到了18世纪上半叶，英国景观造园流派对于逝去岁月的追忆和再现、对荒原旷野自然美的朦胧意识、对于空间的错综复杂的新感受逐渐被人们所知晓，并涌现出一大批至今为人传颂的经典作品，如克莱蒙特、斯道园、罗珊姆园、斯杜尔海德、布伦海姆等。

194

图 14-20　斯道园
帕拉第奥式的跨桥

图 14-21　斯道园
平面图，英国白金汉郡，1717
Garden of Stowe, Buckinghamshire

本案是早期理想主义的杰出代表，由考伯罕勋爵（Lord Cobham）建造，非几何规则式的自然式园林能出色地表达出主人的自由主义思想。在整个18世纪期间，这座花园凭借自身特色成为新景观的重要转折点，成为在园林史上能够与凡尔赛匹敌的经典范例。该园最早的平面是由查尔斯·布里奇曼（Charles Bridgeman）和凡布鲁（John Vanbrugh）合作设计的，而后布里奇曼又和威廉姆·肯特（William Kent）一起合作，改造了该园中的许多景点。

| 14-16 14-17 | 14-18 | 14-20 |
| 14-19 | | 14-21 |

观念的演变
18世纪的西方景观设计

图14-22 哈哈
Haha

查尔斯·布里奇曼和凡布鲁合作创造了一种名为"哈哈"的沉篱,位于内园与外园之间。这种沉篱能在不阻挡视线的基础上在地面上形成一定的边界,同时又产生视野无限的景观效果。之后,肯特更是利用场地的不规则性,设计了更为灵活的轴线、边界和建筑形式,并将新旧两种风格有机融合在了一起,发展了园林设计的新方向,为此肯特也以其突出的贡献获得了"现代造园之父"的美称,成为自然式园林的创始人。

图14-23 英国峰区景观中的"哈哈"

14-22 14-24 14-25

14-23   14-26

图14-24　罗珊姆花园
英国牛津郡
Rousham in Oxfordshire

威廉姆·肯特（William Kent）设计，秉承其一贯手法，注重植物色调、透视关系和光线对比，运用植物作为背景，在视线焦点处创造出乎意料的小品设计等。场地原本不规则又拘束，肯特用"哈哈"保留了布里奇曼早期设计，借助对岸田园风光创造远景视觉，还在河边的一处山脊上建造了一条被称为"焦点"的带拱门的围墙。

图14-25　罗珊姆花园内草坡与雕塑

在通向河边的斜坡和草地的尽头，肯特放置了一尊"狮马相搏"的古代雕塑仿制品，这是他常用的设计手法。

图14-26　罗珊姆花园河边景观

河岸边的自然围篱布置，反射着林中闪烁的天光，显得优美宁静。在罗珊姆花园中，肯特将画家脑海中的人文景观变成了现实，也将这种如画般优雅的风景推向了高潮，并深深影响了而后的许多设计师。

观念的演变
18世纪的西方景观设计

197

图14-27　潘恩歇尔
河边的修道院遗址，英国萨里
Painshill, Surrey, England

查尔斯·哈密尔顿（Charles Hamilton）设计，他深受意大利画家的影响，试图运用寓言故事来呈现古典主义的景园。但哈密尔顿是按中国式螺旋线的方式来组织空间的，具有象征意义的实体沿着一条宽阔舒展、岛屿棋布的河流依次呈现。

图14-28　河面上的中国桥
潘恩歇尔

图14-29 布伦海姆宫的花园湖面
牛津郡
Blenheim Palace, Oxfordshire

兰斯洛特·布朗（Lancelot Brown）设计，园中最重要的举措是利用增加格利姆河的水容量，淹没了原先位于低处的过于雄伟的桥墩。这一手法使桥与整个湖面的比例关系更加协调。一进入布伦海姆园，即是一幅美丽的画面映入眼帘，大地缓缓地倾向湖边，桥与前面的小岛形成诗般意境，轴线的另一端则是矗立在高原上的宫殿。

图14-30 花园内的奔流
布伦海姆宫

布朗的设计风格统帅了整个18世纪后半叶的景观，代表了曾与威廉姆·肯特结为一体的两种浪漫主义流派中的一种。与完全不经人工雕琢，带有感性特征的花园相比，布朗更擅长从建筑和形式上强调花园的装饰风格，作品尺度通常规模宏大，却能给人十分自然的感觉。本案中，布朗在保留原有几何形式的基础上，仍使自然形式在平面中占据了主导地位，并采用他所特有的景观形态——简单、强壮、纯净而有活力，如本案中利用湖水倾泻的奔流，成功地实现了将古典主义向浪漫主义转变的初衷。

观念的演变
18世纪的西方景观设计

图14-31 巴思城历史保护街区
英格兰西南部
City of Bath, England

受英式风格园林的影响，这一时期的都市城镇景观规划也从原来所遵循的古典主义原则中孕育发展了起来，绿色景观在城市内部创造了一种城镇乡村般的景象。英国巴思古城的新规划成为该时期代表。由约翰·伍德（John Wood, 1704—1754）父子主持设计，整座城市充满了如画般的建筑景观，一改由住宅街区围绕中央广场的棋盘格规划模式，以独立别墅成环状布置于花园内的崭新概念，使空间景观占据主导地位。大道被设计成绿带，每个居住街区都由园林广场围绕。俯瞰城市，由30座住宅组成的半椭圆形皇家新月广场（Royal Crescent）和十字圆形广场（由小伍德于1767—1775年完成）组成前景，远处为建筑师约翰·帕尔玛（John Palmer）于18世纪末设计的兰斯唐新月广场（Landsdowne Crescent, 1789—1793），视野开阔，周围田野环绕。

应该说，田园式城市的规划为人们带来了享受美好环境和文明社会的模式，同时也为以后的城市设计建立了标准，它赋予了人们一个富有想象力和展现个性的空间。

15

民主的趋向

19 世纪的欧洲景观设计

纵观整个 19 世纪，新生的资产阶级为了追求不同以往的政治立场，强调自身所代表资产阶级利益新统治者的权力实质，纷纷将建筑和园林作为他们权力的象征。一方面，他们不希望自己的住所成为被推翻的统治王朝的延续，另一方面又希望与前代有所不同。由此促使了该时期的建筑和园林在内容上产生变化，但在形式风格上并未创新，仅仅是对各种历史风格进行了"复兴"，如哥特式复兴、希腊复兴、新文艺复兴、巴洛克复兴等。当然，这种复兴并不是简单僵化的模仿，而是结合了 19 世纪结构、功能、材料和装饰等各种新观念在内的复古主义。这一时期的园林风格，或以自然式为主，或以几何式为主，基本徘徊在两者之间，互相交融。于是分别出现了以法国为中心的古典主义复古运动、以英国为中心的浪漫主义复古运动和以美国为中心的折衷主义复古运动。

图15-1　人民花园
维也纳，奥地利
The Volksgarten, Vienna, Austria

15.1 古典精髓的延展——法国景观设计

　　新古典主义（Neo-Classicism）是18世纪中期到19世纪中期兴起于西方的又一次古典热潮，它是热衷于古典希腊罗马文学、艺术、建筑与思想的品味与思潮，强调思想上的秩序与明晰，精神上的尊贵与沉着，结构上的简洁与平衡，以及物品中的适切形式。这一时期，装饰繁琐的巴洛克、洛可可风格被新兴的资产阶级视作不利于新政权的思想统一，故而在艺术和建筑表现上完全排斥古典主义的原则与表现，转而崇尚希腊、罗马艺术的简洁。同时，因当时考古之风的盛行，为大批建筑家领略古希腊、古罗马的建筑、城市规划、景观园林与室内设计等提供了极为有利的资料，如1738年对海克拉纽（Herculaneum）古城及1748年对庞贝古城的发掘，将整个古罗马呈现在了欧洲人面前，使人们从更加理性的角度增进对古代文明的了解，并从中获取新的构思与灵感。由于当时的新兴资产阶级逐渐介入公共建筑、城市规划、景观设计等领域，新古典主义风格因此得到广泛运用，尤其体现在法国拿破仑时期的纪念性建筑与城市建设之中。

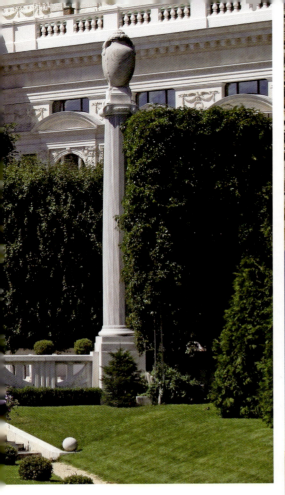

	15-2
15-1	15-3
	15-4

图15-2　香榭丽舍大街
巴黎
Avenue des Champs-Elysées, Paris

19世纪，法国古典设计思想成为欧洲的典型代表，巴黎成了新古典主义流派的中心。都市景观设计更加富丽壮观，勒·诺特尔将这种规模宏大的理性主义设计手法发展到了极为成熟的地步，其中巴黎的香榭丽舍大街和凯旋门为帝国盛期的代表作，到拿破仑时期发展了纵横全国的有绿树夹道的十字形运河体系。

图15-3　大凯旋门近景

图15-4　大凯旋门与十二大道
巴黎
Arc de Triomphe, Paris

19世纪中期，由巴隆·奥斯曼（Baron Haussmann，1809—1891）对巴黎进行重新规划，使整个巴黎又带有古典主义的半军事性质，大凯旋门成为向外辐射的十二条大道的轴心，规整严谨的道路系统引导了街道两旁富有浪漫色彩的公园系统设计。

图15-5　考瑞斯城堡公园
法国埃索内
Courances, Essonne, France

15-5

15-6

安迟利·杜切斯（Achille Duchêne, 1866—1947）在原址庭院基础上进行了重建，他的一系列设计均以直线运用见长，善于重现场地的艺术魅力。

图15-6　考瑞斯城堡公园
庭院

15-7

15-8

图15-7 维兰德里的城堡花园
法国
Château de Villandry, Loire Valley, France

位于法国卢瓦尔河谷，乔切姆·德·卡沃罗博士（Dr. Joachim de Carvallo，1869—1936）设计，以文艺复兴时期的设计手法在城堡内设计了边界明显、空间精巧且秩序井然的装饰花园。花园内的树篱修剪成蝴蝶形、扇形、剑锋形和心形来体现对爱的不同表达，花园中的菜园用种满不同蔬菜的几何形块状绿地进行布置，象征着稳定的社会秩序。

图15-8 几何形菜园
维兰德里的城堡

15.2

浪漫风景的迷醉
——英国景观设计

在新古典主义如火如荼展开之时，一股与之相互抗衡的力量也逐渐兴起，即浪漫主义（Romanticism），它是18世纪下半叶到19世纪下半叶欧洲文艺领域的浪漫主义思潮在建筑和景观上的反映。出于人类从自然风景中寻找内心寄托的需求，英国人将其与缓缓起伏的大地景观结合了起来，不同于法国人以一种逻辑的立场对待其北方平原。在这一时期，整个英国又因形成了供新兴中产阶级居住的城市郊外别墅区，开创了由庭园形式向自然生境转变的过程。在这些风格质朴的别墅花园中，既有效仿法式传统的公园形式，又有用各式植物花卉装点的环境，除了体现当时的浪漫主义精神之外更加倾向于实用性，成为维多利亚风格园林的标志。但与现代主义风格截然不同的是，维多利亚式景观园林的设计者们是不折不扣的折衷主义者，并未创造新的设计风格，只是一味地在过去的时代与地点中找寻着某种文化的延续性。

	15-10	
15-9		15-11

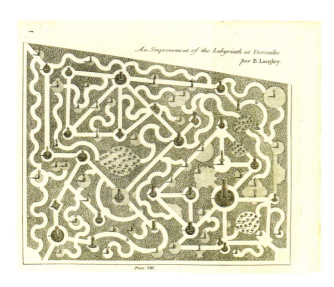

图15-9　派特·朗利采用的洛可可曲线
Batty Langley

这种应用于景观上的曲线形式备受维多利亚设计家们的推崇。他们拒绝使用直线条，而是用土堆堆起一个个圆形的模纹花坛，以避免人们在平面观赏花卉时产生单调感，同时在花园各个独立部分之间安排缓冲区域，避免布置珍奇植物时与普通植物间产生不协调感。

图 15-10　斯考特内城堡鸟瞰
英国肯特郡
Scotney Castle, Kent, England

爱华德·胡塞（Edward Hussey）的城堡设计是对
纯英国式浪漫主义的继承，是典型的画集式风景园。
新城堡由吉尔平（Gilpin）选址，建筑外部的景象
按照完美的如画式风景精心布置，建筑外观由胡塞
本人勾画，刻意将17世纪的旧城堡设计成一座"废
墟"，这在画集式风景园的历史上是独一无二的。

图 15-11　斯考特内城堡
正面景观

图15-12　霍兰德公园

伦敦，1846

Holland Park, London

霍兰德公园在沿用传统设计手法的基础上，首次将小型私人花园和私有集合式花园结合在了一起。为获得更丰富的景观，有意将建筑布置在基地的一侧，还通过各类四季花木、水景的巧妙布置使小空间具有景深更大的视觉效果。

图15-13　霍兰德公园内的日式花园

　　直到19世纪中叶，英国绝大部分地区都保持着这种浪漫而绚丽的城市特色，城乡人口比例均衡，建筑和景观也极具个性。直至世纪末，由于人口的急速增长、铁路和公路在全国范围内的延伸、城镇向郊区的扩展、大片土地的肆意开采与破坏、工业化产生的烟尘和污染最终导致了优美自然景观的破坏及人们对生存环境自豪感的丧失，这种过程与今天中国的城镇化进程极为相似。

15.3

历史碎片的拼凑
——美国景观设计

新古典主义和浪漫主义艺术表现上的局限在折衷主义里得到弥补，从19世纪中叶到20世纪初，折衷主义广泛出现在世界各地，尤其流行于美国。对于折衷主义的评价历来褒贬不一，其盛行是因为集结了资产阶级统治者所中意的装饰风格于一体，各种拼接催生出高度复杂、奢华的形式，即便这些构思并不具有内在关联，却仍被美国的开国元勋们视为"完美迎合了美利坚式资本主义"，有利于凝结民主精神并贴切地表现美国财富与权力。

图15-14　卡萨德尔赫莱罗庄园
圣巴巴拉，美国加利福尼亚
Casa del Herrero, Santa Barbara, California, USA

由乔治·华盛顿·史密斯（George Washington Smith，1876—1930）与拉尔法·斯坦方斯（Ralph Stevens）、洛克伍德·福斯特（Lockwood de Forest，1896—1949）共同设计。庭园用一系列轴线串联起空间，将庭园中意大利式的别墅与低矮的西班牙喷泉结合为一体。该时期的南加州一带，景观风格主要受气候与植物的影响，当地的许多英裔美国人从澳大利亚和南非引进了桉树和其他亚热带植物，极大地丰富了户外空间。加上当时流行小说文化，涌现出大量具有神话般场景的新形式和西班牙式的殖民风格。

图15-15　庭院西班牙风格景观细节
卡萨德尔赫莱罗庄园

图15-16　Hillside海滨俱乐部的内部景观

伯纳德·梅伯克（Bernard Maybeck，1862—1957）设计，利用本土特色、外来植物以及未切割的石材和稍加修饰的天然岩石，呈现出与周围的景色相协调的特色景观。

图15-17　维斯卡亚庄园

佛罗里达

Villa Vizcaya, Florida

维斯卡亚庄园的每个立面都具有意大利不同时期面貌，建筑与精巧的庭院融合了西班牙、法国和威尼斯等地的风格。

图15-18　维斯卡亚庄园的法式庭院

图15-19　维斯卡亚庄园的意式跌水

　　在城市规划上，折衷主义的信手拈来对华盛顿的城市建设造成了极大创伤，一味模仿路易十四时期为防止平民暴动而设计的宏大的、几何放射形道路的巴黎布局，致使其城市功能完全不符合市民居住要求，道路和建筑尺度过大，交通混乱，暴露了美国立国之初在城市规划上的幼稚，以及严重依赖外国建筑师生搬硬套的后果。而在这一时期出现的大批折衷主义风格作品，直到今天依然挺立，并且始终作为世界最高权力的象征。

15 民主的趋向
19 世纪的欧洲景观设计

15.4

艺术与手工艺运动
——植物生境的起源

19世纪下半叶,在罗斯金思想的影响下,以威廉·莫里斯(William Morris)为代表的艺术与手工艺运动(Arts And Crafts Movement)引发了一场慷慨激昂地讨伐工业化罪行的运动,同时抨击了当时英国民众对维多利亚矫揉繁琐风格的迷醉。尽管这些行动无法让昂贵的手工制品再次走向大众,却让大众看清了当时社会所存在的问题,重现了沉积于人们内心的对"真实、单纯"的手工制品的渴求。这项运动提出了五项原则:

- 强调手工艺,明确反对机械化的生产;

- 在装饰风格上反对矫揉造作的维多利亚风格和其他各种古典、传统复兴风格;

- 提倡哥特式风格和中世纪的风格,讲究简单、朴实无华和功能性;

- 主张设计上的诚实、诚恳,反对设计上哗众取宠、华而不实的趋向;

- 推崇自然主义、东方风格,推动金属工艺品、家具、彩色玻璃镶嵌、纺织品、墙纸、室内装饰品、建筑和园林设计等方面的一系列改革。

图15-20　红屋
英国肯特
Red House, Bexley Health, Kent, England

建筑师菲利浦·韦布(Philip Webb)为威廉·莫里斯设计的寓所,以一种"田园式"的郊外住宅形制抵抗古典形式的泛滥。出于功能的考虑,房屋的L形平面布局使每个房间均能自然采光,建筑立面直接采用当地产的红砖作为外表面用材,完全不经粉饰,凭借材料本身固有的美感挑战当时占垄断地位的维多利亚风格。

图 15-21　格拉芙泰庄园
英国苏塞克斯
Villa Gravetye, Sussex, England

威廉姆·罗宾逊设计,他是自然主义风格的倡导者,开创了以多年生草本花卉为主的"英国花卉庭园",被誉为"英国花园之父"。罗宾逊最为著名的园林作品是格拉芙泰庄园。总面积达141700平方米,以不规则的规划方式,运用大量野生植物使花园与周边广阔的田野、森林结合在一起。与此同时,罗宾逊出版了《庭园》《乡村庭园》《花园和森林》《英国花园》等著作与杂志,对"艺术与手工艺"风格在园林中运用起到了极大推动作用。

图 15-22　格拉芙泰庄园庭院内的多彩花卉

图15-23 曼斯特伍德花园与建筑
英国萨里
Munstead Wood, Surry, UK

格特鲁德·杰基尔（Gertrude Jekyll, 1843—1932）设计。杰基尔受到威廉姆·罗宾逊的影响，怀着对"艺术与手工艺"运动的热情，设计了许多充满浪漫色彩的乡间庭园，成为首个专职从事庭园艺术的女性。她设计的花园大都面积颇大，由一些尺度较小、形式感丰富的小园组成。园内植物色彩斑斓，常由不同色调的草本植物组成绿草带，既软化了庭园布局的规则式线条，又展现了杰基尔独特的色彩搭配理念及造园成就。

图15-24 曼斯特伍德花园内的植物搭配

图15-25 曼斯特伍德花园内的植物搭配

图15-26　瓦瑞哥威利寺院森林
法国诺曼底
Les Bois des Moutiers, Varengeville

埃德温·路特恩斯设计,将"艺术与手工艺运动"的设计思想与中世纪的染色玻璃结合,又从神职人员祭服上的织绣图案中获得灵感,他的设计融合了几种元素的花园景观,加上精心收集的杜鹃品种,使整座花园在色调上显得精美而和谐。

图15-27　瓦瑞哥威利寺院森林园内景观

215

图15-28　莫卧儿花园
印度新德里
Mughal Garden, New Delhi, India

埃德温·路特恩斯最具代表性的作品，这座花园建于1891年至1931年间。整座花园的设计延续了规则与不规则两种形式的结合，主要分为方形、长条形、圆形三个部分。尽管花园的设计仍被认为是带有古典主义特征和趋于形式感的，但其布局还是鲜明体现了以植物的自然形态来软化规则式设计的特征。

图15-29　莫卧儿花园内的圆形造景

　　从18世纪至19世纪，规则式与自然式的园林风格就一直处于争论不休、轮流受宠的状态，从自然到规则再到两种风格的综合，始终周而复始，循环往复，但却又总会融入一些新的语言。这一现象说明了以何种方式使环境实现愉悦身心的功能是一个永续的话题，孰优孰劣并无标准，我们只能将它们视为两股对景观设计不同的推动力。然而随着艺术与手工艺运动的发展，繁琐的维多利亚风格受到波及必然是大势所趋，现代主义设计的大门也在其激进思想的影响下，在随后而来的一场规模更大、影响更广的"新艺术运动"中被真正推开。

16

腾飞新大陆

近代美国的景观艺术

十九世纪中晚期，是美国发展史上的重要时期。随着大量移民的迁入，美国国土面积呈现史无前例的扩张，但其景观设计仍较大程度地受文艺复兴时期荷兰和英国的影响。英国风格常见于美国东海岸一带，尤以新英格兰地区和弗吉尼亚州为甚。直到19世纪中下叶，折衷主义才成为新兴阶级所推崇的风格，其中美国华盛顿的规划与设计就集中反映了当时的美式建筑倾向与存在的问题。在居住环境设计上，这时期的美国与欧洲相比贡献甚微，如一些富人别墅的宅前花园仍沿用开放格局，试图表现美国的开放与民主；同时，因当时人口增长急速，美国大规模地推进城镇化进程，一定程度上刺激了众多国家公园、公园道系统及城市规划等领域的迅速发展。这种发展一方面为普通市民提供了舒缓压力、放松心情的户外场所，同时也为美国塑造自身形象提供了强大工具，展现美国在景观设计理念上前所未有的骄人成绩。

图 16-1　约瑟米蒂国家公园
加利福尼亚
Yosemite National Park, California

16.1
开放民主的美国景观

近代美国景观发展的背后有着几位功不可没的重要人物，分别是托马斯·杰弗逊（Thomas Jefferson, 1743—1825）、安德鲁·杰克逊·唐宁（Andrew Jackson Downing, 1815—1852）和弗雷德里克·劳·奥姆斯特德（Frederick Law Olmsted, 1822—1903）。他们不仅以丰富的作品奠定了美国近现代景观的发展基础，并且推动了景观设计专业在美国本土的确立。

图16-2　蒙特西欧山顶别墅
沙德沃尔,美国维吉尼亚
Monticello, Shadwell, Virginia, USA

托马斯·杰弗逊（Thomas Jefferson, 1743—1825）的故居,他在蒙特西欧山顶别墅上初次展现其设计天赋。设计采用帕拉第奥式建筑结合自然风景的方式,选用弗吉尼亚一带常见的砖砌结构,配以刷白的细木雕刻、长长的底层拱形廊柱、丰富的植物与蔬菜品种,展示了实用性与艺术性兼具的农林风光,表现了具有美式特色的田园生活。
杰弗逊怀揣对法国新古典主义、帕拉蒂奥样式与古罗马风格的特殊情结,来表达美国现代自由主义,促成了一种将新共和与古代罗马的优雅政治氛围相结合的和谐局面,他也是真正将美国建筑景观提升到国际水准的创始人之一。

图16-3　蒙特西欧山顶别墅鸟瞰

腾飞新大陆
近代美国的景观艺术

图16-4　波普拉尔森林住宅鸟瞰
林奇堡，美国维吉尼亚，1806
Poplar Forest, Lynchburg, Virginia, USA

托马斯·杰弗逊的第二所住宅，展现了他对于古典几何与数学关系的偏爱。设计一改蒙特西欧中遵循自然地形布置的几何方式，而是运用模数体系，将森林中的建筑与植物都以圆、方、环形及八边形的图式组织起来，凸显整齐、规则和比例恰当的整体效果。

图16-5　八角形房屋与下沉草坪
波普拉尔森林住宅

在设计中，房屋均呈八角形，周边绿荫围绕，房屋南侧是一个下沉的矩形草坪，因下沉而挖出来的泥土用来堆筑成房屋另一侧的小山，土山上垂柳和白杨呈同心圆方式种植，与北面入口处圆形回车场相呼应，使轴线更显分明。

图16-6　弗吉尼亚大学校园
美国
University of Virginia, USA

托马斯·杰弗逊最具代表性的大型项目，充分展示其整体空间的掌控能力。通过依轴线布置的建筑、校舍、广场与园林空间，呈现建筑与空间互为贯穿的整体性。这些建筑依次围绕着中央矩形广场展开，轴线尽端的建筑以路易十六的玛丽城堡（Marly）为范本，形制类似罗马万神庙，轴线的另一端呈开放式，意在借助远景来丰富校园内视觉景观。此外，杰弗逊在规划中将英式园林传统与笛卡儿的几何学紧密结合，突显美国民主的开放与博爱，更促使美国西部景观大规模地转向规则的几何式风格。

杰弗逊对美国景观设计的影响是深远的，与其同时期的安德鲁·杰克逊·唐宁（Andrew Jackson Downing, 1815—1852）和奥姆斯特德（Frederick Law Olmsted, 1822—1903）等人都遵循了他所提倡的原则：热爱农业社会，控制工业社会与人口的过度发展，避免城市化乱象发生。

图16-7　弗吉尼亚大学校园
被希腊式建筑包围的下沉草坪

图16-8 《论造园学的理论与实践》内页
A Treatise on the Theory and Practice of Landscape Gardening

安德鲁·杰克逊·唐宁（Andrew Jackson Downing，1815—1852），美国景观史上承前启后的重要人物。其突出贡献在于率先提出应发展美国自身独立模式的观点，批判19世纪早期的美国景观一味沿用英国风格而忽略本土自然环境与社会需求的做法。他先后撰写《论造园学的理论与实践》（*A Treatise on the Theory and Practice of Landscape Gardening*）、《小型别墅住宅》（*Cottage Residences*）、《美国的水果与果树》（*The Fruits and Fruit Trees of America*）和《乡村住宅建筑》（*The Architecture of Country House*）等多部专业著作。在唐宁的影响下，美国人逐渐告别几何模式与古典风格，公众对于美化环境的意识大为提高，不拘一格的栽种方式遂展现于美国乡野郊区，并成为美国城市景观的最初形态。

FIG. 13.—Example of the Beautiful in Landscape Gardening.

FIG. 16.—Example of the Picturesque in Landscape Gardening

图16-9 受安德鲁·杰克逊·唐宁思想影响的私人别墅设计
维吉尼亚，建于1853

16 腾飞新大陆
近代美国的景观艺术

弗雷德里克·劳·奥姆斯特德（Frederick Law Olmsted，1822—1903），唐宁欧洲城市公园思想的继承者，不仅完全接受唐宁"将公园视做一个重要民主机构"的远见卓识，更进一步采用开阔的草原和丛林来发展后续城市新面貌。最著名的作品是与合伙人卡尔福特·沃克斯（Calvert Vaux，1824—1895）在100多年前共同设计的位于纽约市的中央公园。这一事件开创了现代景观设计学先河，也标志着普通人生活景观的到来。

在中央公园里，奥姆斯特德引入了一种内向观看、尺度巨大而众多单体尺度又要适度缩小的都市景观空间的新观念。不同于唐宁那种单纯注重展示植物的园林风格，他更加倾向于根据整体艺术效果来设置植物、建筑、雕塑等要素。他所倡导的公园观念是"能让人真正摆脱日常琐事烦扰，净化心灵的诗情画意般的场所"，人们应该既能在此找到放松身心的一剂良药，又能寻觅到一种健康的休闲方式。应该说，美国现代景观设计从中央公园起，已不再是为少数人所赏玩的奢侈品，而

图16-10　纽约中央公园内景

图6-11　纽约中央公园鸟瞰
1858—1876，New York Center Park

图16-12　纽约中央公园平面图

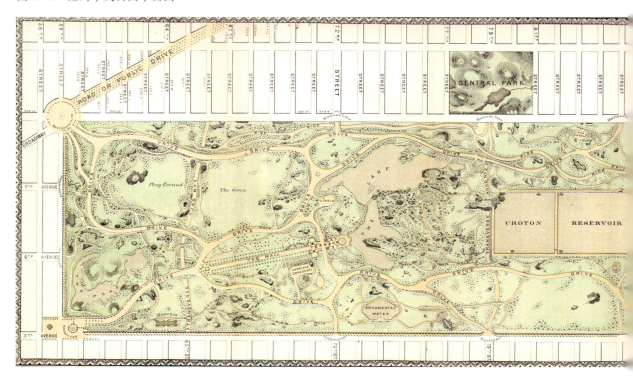

是普通公众愉悦身心的空间。以它为起点，美国掀起了一场轰轰烈烈的全国性城市公园设计与建设运动。

图16-13　波士顿宝石项链系统平面图
马萨诸塞州，美国　Emerald Necklace, Massachusetts, USA

奥姆斯特德与沃克斯携手设计，公园道系统的典范，标志着美国国家公园运动乃至整个城市景观设计又一次发生质的变化。在前期基础上，两位设计师将经过改建的 Back Bay 沼泽地、希望公园及沿马德河（Mudd）河边的几处公园串联，组成了著名的"波士顿宝石项链系统"。该系统以波士顿为中心，将12座城市和24座城镇串联起来，从布鲁克林希望公园到公共绿地，范围内有2千万平方米的面积，将河滩、沼泽、河流等诸多天然景观糅和在一起，一张巨大的绿色网络就此展开，也掀起了一场集整个城市公共绿地于一体的新景观模式的热潮。

在这片天然绿色网络内，从波士顿公地到布鲁克林公园绵延约16公里，总共由9部分组成，分别是：波士顿公地（Boston Common）、公共花园（Public Garden）、滨河绿带（Esplanade，又称查尔斯河滨公园）、后湾沼泽地（*Back Bay Fens*）、河道景区和奥姆斯特德公园（Riverway & Olmsted Park）、牙买加公园（Jamaica Park）、阿诺德植物园（*Arnold Arboretum*）和布鲁克林希望公园（Prospect Park）。

图16-14　后湾沼泽地
波士顿宝石项链系统
Back Bay Fens

图16-15　波士顿公地
波士顿宝石项链系统
Boston Common

图16-16　马省林荫道
波士顿宝石项链系统
Commonwealth Avenue

图16-17　滨河绿带
波士顿宝石项链系统
Esplanade

图16-18　阿诺德植物园
波士顿宝石项链系统
Arnold Arboretun

16-14	16-17
16-15	
16-16	16-18

图16-19　第二莱特尔大厦
芝加哥，1891
Second Leiter Building, Chicago

泽尼（William Le Baron Jenny, 1832—1907）曾于1879年设计建造了第一莱特尔大厦，后于1972年拆除。这是第一座用砖墙与铁梁柱相混合的七层商业建筑，泽尼也因此被誉为芝加哥学派的创始人。后泽尼又设计了第二莱特尔大厦，如图所示。

图16-20　格莱斯纳住宅
芝加哥
Glessner House, Chicago

与北部的麦克维沃夫住宅（Macveagh House）等同时期相继出现的一批芝加哥学派的住宅类作品，都在不同程度上体现了美国新一代建筑师对折衷主义"剽窃"行为的唾弃与反抗，也反映出他们的创新精神。

图16-21　格莱斯纳住宅内院

16.2 芝加哥学派与赖特的有机建筑

　　在建筑方面，此时美国正是折衷主义风格泛滥之时，前后延续达一个世纪之久。这段时间建筑的主要特征是十分注重运用历史题材和仿效欧洲古典风格，但并不注重各种装饰的内在联系。同一时期，芝加哥正处于美国西部开发前哨和东南交通枢纽的重要战略位置，受南北战争的影响，加上芝加哥城内大量激增的人口，高层建筑如雨后春笋般涌现。如何面对这些建筑？是按原有风格单纯的追求建筑层数，还是用革新手段来使之与城市新面貌相协调？这成为城市建设的一个棘手问题。在这一风潮中，芝加哥学派率先摆脱折衷主义的矫揉繁琐之势，以一种高层金属框架结构与箱形基础相结合的全新工程技术，实现了功能与形式的协调统一。芝加哥学派在造型上趋向简洁、明快与实用风格，呈现出足以与折衷主义相抗衡的强大声势。

| 16-19 | 16-20 |
| | 16-21 |

图16-22 威利茨住宅
芝加哥郊区的高地公园，1901
Ward W. Willitts House, Chicago Suburb of Highland Park

弗兰克·劳埃德·赖特（Frank Lloyd Wright, 1867—1959）的草原式住宅（Prairie House）的代表作之一。风格上完全摆脱了折衷主义的陈规老套，具有朴素单纯、造型新颖的特点，其形体抽象地模拟了中西部草原的自然形态和风貌，空间呈现低矮且水平延展的特点，体现赖特将建筑与大自然紧密结合的理念。更重要的是，这类住宅形式增强了家庭内聚力，使处于迷茫状态的美国人领悟到人类生活的真谛，盲目盛行的折衷主义遂得以降温。

图16-23 1911年左右的罗比住宅
芝加哥
Robie House, Chicago, Illinois

赖特草原式住宅中最具个性的一件作品，充分反映其渴望摆脱传统束缚的强烈愿望，也宣告其草原住宅早期阶段的结束。墙体上细密的水泥横条，轻巧宽大的屋檐形成的水平线等成为住宅的鲜明特征。强调水平线意在暗示建筑与远方地平线之间的联系，与周围环境的空间处理发人内省，让人感受到现代艺术对实体的崇敬和对自然力的认识。这座住宅的出现，对日后城市花园住宅设计的兴起具有重大意义。

图16-24 现今的罗比住宅

图16-25 赫特利住宅
1908，Heurtley House

赖特设计，与随后同期出品的康恩利住宅等进一步完善了草原式住宅的抽象特征，阳台和屋顶逐渐变为平面，水平的挑出也得到加强。

图16-26 康恩利住宅及其庭院景观
1908，Coonley House

16-22　　16-25
16-23 16-24 16-26

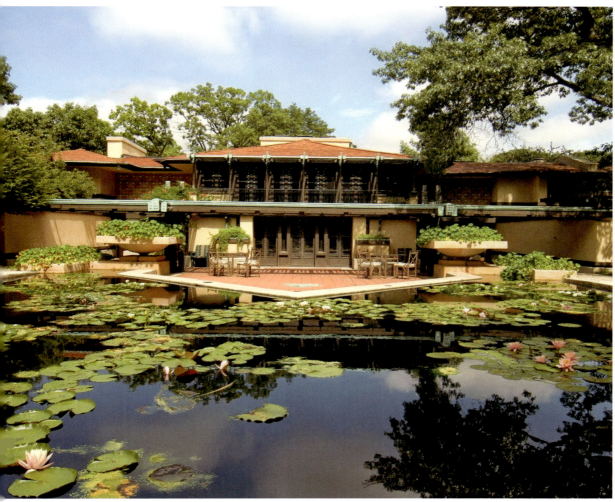

草原派住宅充分表达了赖特的一贯主张,使其在创建美国自身建筑文化的同时,走上了一条现代建筑的道路,也实现了审美与功能的统一。它的出现顺应了时代、地点的需求,满足了资产阶级对现代生活的需要及对艺术猎奇的心态,因而很快受到了美国中产阶级的喜爱。直到20世纪初,赖特设计的草原式住宅多达五十多栋,在当时很多青年建筑师的推崇下形成了所谓的"草原住宅学派"并进入成熟阶段。客观地说,草原派住宅对美国现代建筑与景观的发展是积极的,不但以独特个性宣告了折衷主义时代的终结,也将当时被设计界忽略的小型住宅景观推入公众视野,并深刻影响了德国、荷兰等欧洲国家。

图16-27　流水别墅
宾夕法尼亚州,美国
Fallingwater Fayette County, Pennsylvania

又称熊跑泉别墅,是赖特有机设计思想的代表作,坐落于丘陵地带的一个幽静峡谷之中,整座别墅凌驾于奔泻的瀑布之上,故名流水别墅。该建筑造型多变,纵横交错,为了更好地实现建筑与地形相融的观念,赖特将倾泻而下的瀑布与整座建筑水平穿插、延伸的基调形成对比,与周围景致合二为一。

图16-28　流水别墅微缩模型

借助模型可直观流水别墅错落结构:起居室的三分之一连同平台一起挑出在溪流之上,平台以扁平形态左出右进、前后掩映、高低错落,造型极为引人注目。就地取材的毛石墙模拟天然岩层纹理砌筑,四周树林在建筑中穿插生长,达到了人造物与幽静自然完美组合的效果。别墅占地面积约380平方米,与300平方米的室外平台形成了近乎均等的格局,表达了赖特在处理内外空间时的平等态度。

12

变革新纪元

20 世纪的景观与环境设计

1871 年普法战争到1914年一战
爆发之前，是长达近半个世纪的和平岁
月，整个欧洲在此进入了高速繁荣发展阶
段，但不久后战争的爆发便使世界各国满
目疮痍，百废待兴。20 世纪中期以后，受
国际政治、科技、环境等多方进步和影响，
西方国家开始大规模开展公共项目，景观
作为人类更高层次的精神享受，其商业价
值也备受关注。环境巨变引发人类对自
然的珍视，除了生态效益外，人们逐渐意
识到：自身不良的精神表现与糟糕的生活
环境有着密切关联。1970 年"欧洲环境
保护年"的设立，标志着人类观念的转变。
众多私人花园逐渐转变为公众花园，人类
作为生态系统一部分的观念得以不断地
深入人心。

12.1
具象艺术到抽象艺术的转变

　　19世纪下半叶,在以绘画为主导的艺术领域发生了史无前例的革命,"印象派"首先发展了从具象走向抽象、追求形式、手法创新且具有实用性的现代派艺术。现代主义艺术以印象主义为起点,在20世纪初期,"野兽派"以令人惊愕的颜色、扭曲的形态表达更为主观和强烈的倾向。而后,"立体主义"诞生,通过对比手法探索了平面结构立体化的形式,后来的荷兰"风格派"运动和俄国十月革命后的"构成主义"运动,包括世界最早的现代设计教育中心——包豪斯学院,均受到立体主义的影响。可以说,立体主义为现代建筑、景观、产品等各方面设计提供了形式基础,创造出20世纪全新的视觉语言。

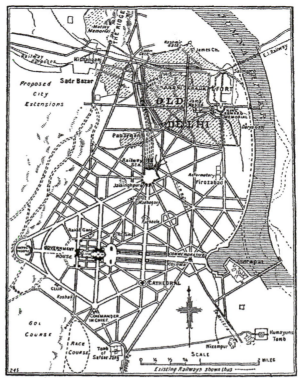

图17-1　肾形泳池

唐纳花园

Donnel Garden

图17-2　新德里城市规划早期平面图

新德里,印度,1911

New Delhi, India

一座典型的放射形城市,以姆拉斯广场为中心,街道成辐射状延伸至外围。建筑群大多集于市中心,政府机构集中在市区从总统府到印度门之间绵延几公里的大道两旁。整体规划颇具后来的现代主义平面构成感,其放射感又蕴含欧洲城市规划的古典韵味。

图17-3　未来城市和预想图

未来主义绘画注重表达速度与运动,建筑师安东·桑蒂里亚(Antonio Sant' Elia)受到启发,提出了关于未来城市和建筑的预想图。他认为未来城市应该是一座为大众服务,以高层公寓为中心,具备大规模多层立体交通公共系统的城市。他的设想充满了高科技工业细节,而今天的城市发展高度实现了他的预想。

　　客观地看,人类的艺术创造力在20世纪初得到空前绽放,视觉艺术运动蜂拥而起,未来主义和超现实主义也相继在意大利和法国出现。

变革新纪元
20世纪的景观与环境设计

图17-4　马赛克装饰的曲线座椅
居埃尔公园

图17-5　居埃尔公园
巴塞罗那
Park Güell, Barcelona

西班牙天才建筑师安东尼·高迪
（Antoni Gaudi, 1852—1926）设计。
高迪受19世纪末至20世纪初"新艺
术运动"崇尚自然曲线、有机形态的
风格影响，用装饰线条的流动感表达
对自由、自然的向往。整座公园的道
路系统依山而建，北高南低，呈曲线
式随地势起伏。借助地势形成的大
型平台，使公园兼具城市广场的功
能。高迪也受罗斯金及"艺术与手
工艺"运动的影响，在设计围墙、长
凳、柱廊、景观街道时常用绚丽的马
赛克镶嵌外表，表现出鲜明而浓烈的
个性。

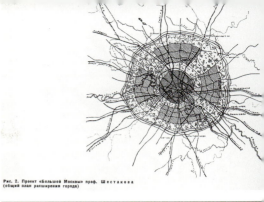

Рис. 2. Проект «Большой Москвы» проф. Шестакова
(общий план расширения города)

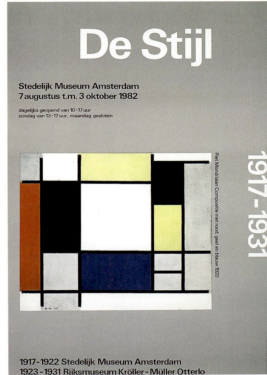

De Stijl

Stedelijk Museum Amsterdam
7 augustus t.m. 3 oktober 1982

dagelijks geopend van 10-17 uur
zondag van 13-17 uur, maandag gesloten

1917-1931

Piet Mondriaan Compositie met rood, geel en blauw 1920

1917-1922 Stedelijk Museum Amsterdam
1923-1931 Rijksmuseum Kröller-Müller Otterlo

图17-6　莫斯科在1935年时的放射状城市规划

1935年弗拉基米尔·谢门诺夫（Vladimir Semenov, 1874—1969）为莫斯科设计了放射状城市规划，形式感鲜明，体现了当时俄国"构成主义"（Constructivism）运动的强烈影响。俄国知识分子满腔热情地希望把苏联建设成为富强、平等的社会主义国家，而构成主义以设计结构为特色，契合了当时构建"新社会结构"的风气，具有明显的政治色彩。这种方式日后也成为了其他社会主义国家发展城市规划的参考范式。

图17-7　荷兰杂志《风格》（De Stijl）

20世纪初期，荷兰"风格派"以该杂志为基础，对艺术、建筑、家具设计、平面设计等新形式做了全方位探讨，也以一种中性化的理性风格表达对当时社会非理性态度的反对。荷兰由此开启了立足自身文化传统，探求荷兰式艺术语言的新发展，后经西奥多·凡·杜斯伯格（Theo Van Doesburg, 1883—1931）的推广被世人所熟知。

变革新纪元
20世纪的景观与环境设计

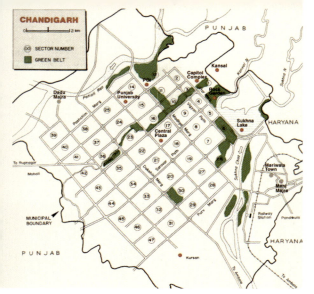

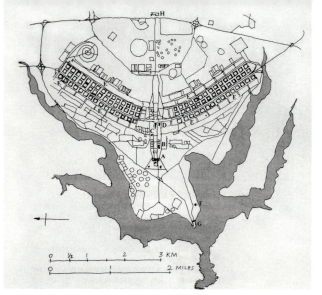

12.2 西方现代景观设计的不懈探索

　　20世纪初起，景观设计作为整体和个体之间的结合，其作用在帕特里克·盖兹（Patrick Geddes，1854—1932）的倡导下逐步为人们所接受。同时期，受俄国、荷兰、德国和法国的构成主义学派运动的影响，建筑和景观在西方世界都产生巨大变化。客观地说，西方之所以会如此蓬勃发展，主要原因在于建筑的迅速发展对城市相关建设产生重大的拉动效应，振兴了从道路、公共设施到景观规划等一大批行业。同时，西方自由市场经济体系所提供的表现空间，远比计划经济模式下的社会主义国家要宽泛得多，令西方城市发展呈现出规模化与多样性。

图17-8　昌迪加尔市的规划

印度北部旁遮普邦

Chandigarh City Plan, Punjab Pradesh, India

勒·柯布西耶（1887—1965）设计，整体贯穿了有机体的规划思想，以"人体"为象征进行城市结构布局。它以喜马拉雅山脉为背景，行政中心首先位于城市的顶端，即"人"的主脑部位，商业中心位于心脏部位，显示了其重要的动力作用，博物馆、大学区与工业区分别位于城市的两侧，似人的双手，道路系统成为骨架，建筑物仿佛肌肉一般紧贴其上，水电系统又似人体内的血管神经遍及全市。整个规划在处理城市与自然关系上，巧妙地利用了昌迪加尔独特的地理位置，横向弯曲的道路、低平的建筑，以及将行政中心选址于城市顶端的布局，展现了世界巨峰在昌迪加尔市中的地位及意义。

图17-9　巴西利亚初期规划

巴西

Brasilia, Brazil

勒·柯布西耶设计。他在本案中一改昌迪加尔的有机体规划模式，将此案设计成飞机状布局。十字形"机身"象征巴西的天主教信仰，同时也寓意未来蓬勃发展的愿景；机身恰好位于城市中轴线上，将巴西利亚分为南北对称的两部分："机头"部位是著名的三权广场，两翼处设置市民居住区，飞机之外的地方是巴西利亚的卫星城。总体上看，整座城市规划由集约式建筑占据主导，这在日后的可持续发展上必定存在诸多缺陷，但将城市设计进行统一布局的思想，至今依然为人称道。

图17-10　M25环形公路

伦敦市郊

英国在二战期间因建筑密度过高而遭到极大破坏，于是吸取了教训，探索发展将城市分散，建立中心区域和"辅助区域"的卫星城市模式。图为伦敦外围M25环形公路，显示了伦敦通过向郊外迁移工厂，建立城区服务行业为中心的"逆工业化"过程，这一举动改变了城市原有基础结构和人口结构，并提高了城市品质。

图17-11　拉·德方斯商业区

巴黎

La Defence, Paris

1961年，法国政府在巴黎外围又规划了五个新开发区，将工业与商业设施都迁移至新区，从而保留了旧巴黎的原貌。拉·德方斯商业区是其中的成功典范。图中，埃菲尔铁塔背后林立的现代化商业建筑群，即拉·德方斯商业区。

图17-12　新旧凯旋门遥相呼应

图中旧凯旋门后的矩形框架，即巨大的新凯旋门，位于拉·德方斯商业区内。新旧凯旋门彼此遥相呼应。

17-8　17-9　17-11　17-12

17-10

图17-13　红树

巴黎国际现代工业艺术展，1925

Exposition des Arts Décoratifs et Industriels Modernes

雕塑家扬·玛逊尔（Jan Martel）和居尔·玛逊尔（Joel Martel）在建筑师斯蒂文（Robert Mallett Stevens）设计的庭园内，用十字截面的支柱和巨大而抽象的混凝土块组合成四棵一模一样的人造红树。这一以超乎普通人惯常概念和理解力的形式，引起了当时舆论的一片哗然。作品展出于1925年巴黎国际现代工业艺术展，现代景观设计从此拉开序幕。

图17-14　光与水的花园设计图

巴黎国际现代工业艺术展，1925

Garden of Water and Light, Exposition des Arts Décoratifs et Industriels Modernes

建筑师古埃瑞克安（Gabriel Guevrekian，1900—1970）设计，以三角形为母题，通过将草地、花卉、水池、围篱等要素转换成三角形的手法，大大丰富了介质的表现力。在色彩处理上，以绿色与深红色、黄色与蓝色形成互补，中间的多面体玻璃球烘托主题。古埃瑞克安用极致的几何原形和严格的施工来挑战传统的园林规则，走向更为抽象化的阶段。

17-13		17-16
	17-15	
17-14		17-17

图17-15　瑠勒斯别墅花园

法国南部耶尔

Cubist Garden at Villa Noailles, Hyères, France

古埃瑞克安设计，采用蒙德里安的绘画精神，将平面以一种数学的和反自然的观念充分结合。方形的铺地砖和郁金香花坛共同划分出一个等边三角形，矩形花池与台阶层叠交错于其上，直至三角形的尖端。三角形端部与"光与水的花园"中利用玻璃球点题的处理手法一致，著名立体派雕塑家利普希兹（Jacques Lipchitz）的作品"生命的快乐"簇立于此。借助这些形式，古埃瑞克通过强调墙体、铺地等材质，与传统园林以植物为主导形成强烈反差，开创了以户外环境为背景来展示雕塑艺术的新风尚。

图17-16　伦敦汉普斯特德花园郊区

1907, Hampstead, London

雷蒙德·安温（Raymond Unwin）设计，受到英国社会活动家埃本尼兹·霍华德（Ebennezer Howard）的花园城市理论的影响，呈现"如画式"规划模式。安温分别借鉴了德国与英国传统，以自由的街道形式和源于"艺术与手工艺运动"时期的建筑特色，步道、交通环路、街道、建筑、绿地及娱乐设施相互穿插，共同完善花园城市。在这个花园郊区的规划中，突出强调英国人对低矮建筑的偏好，道路的占地面积也由原来的40%降至17%。

图17-17　绿荫步道穿插于区间

伦敦汉普斯特德花园郊区

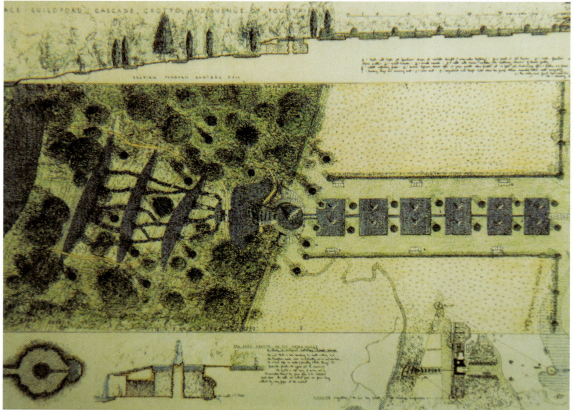

图17-18　本特利森林住宅设计稿
Bentley Wood

本案为建筑师谢梅耶夫（Serge Chermayff）的花园住宅，园林景观由克里斯多夫·唐纳德（Christopher Tunnard, 1910—1979）设计。唐纳德与同时期的杰夫里·杰里科堪称该时期英国景观设计的两位佼佼者。在本特利森林的设计中，唐纳德强调18世纪传统花园中对框景和透视线的运用，这在20世纪还十分缺乏现代园林设计理论的情况下是具有突破性的。

图17-19　本特利森林的花园视角

住宅的餐室透过玻璃拉门向外延伸，直到矩形的铺装露台，尽端是一个用来框景的木框，木格一侧亨利·摩尔的抽象雕塑似在眺望无限远方。

图17-20　莎顿庄园中的链式瀑布平面图
Sutton Place

杰夫里·杰里科（Geoffrey Jellicoe, 1900—1996）设计，鱼形的池塘和小湖隐喻水和更神秘的元素，与周围的小山精心组合，代表着阴阳结合。这个庄园被视为杰里科的顶峰之作，多受到意大利文艺复兴手法主义园林的影响，体现了杰里科将现存轴线、视景线和原先设计者的潜在设计意图融为一体的设计观念。

图17-21　Marie Bjerg墓地

丹麦哥本哈根

Copenhagen, Danmark

布兰德特（Gudmund Nyeland Brandt, 1878—1945）设计，体现了斯堪的纳维亚的设计师们尝试在社会品质与美学品质相融合的基础上，以简洁、清晰的手法来构筑城市景观。常用手法是将简单的几何体组合成连续图案，用树篱、草坪等材料将其分隔成一系列富有变化的小空间。图中可见草坪与铺地结合的六边形式样。

图17-22　奈鲁姆家庭园艺场

哥本哈根北部

Narum, Copenhagen

索伦森（Carl Theodor Sorensen, 1893—1979）设计，用50个椭圆形篱笆在一大片开阔的坡地上围合出50户私家花园。这些篱笆不仅使每户家庭拥有一个独立的花园，篱笆外也挤压出不同尺度的持续空间，时而收缩，时而开敞，依地势而布局，同时也是孩子们户外活动玩耍的好地方。

图17-23 联邦园林展
汉堡, 2013
Bundesgartenschau, Hamburg

图为2013年在汉堡举行的德国联邦园林展。二战后的德国, 城市景观得以恢复并迅速发展, 除了景观设计师们肩负强烈的社会责任感之外, 历年举办的联邦园林展（Bundesgartenschau）以一种独特的方式发挥重要作用。这些园区在展览结束后, 作为永久性景观得以保留, 同时成为供大众游玩的各类风景园、休憩园、假日园等。留下的园展区与18至19世纪亲王侯爵的自然风景园一起, 共同奠定了今日德国大都市的园林格局, 也反映出古今两种景观设计理念的巨大反差。

图17-24 教育卫生部大楼的屋顶和底层花园
巴西
Ministry of Education and Health

拉丁美洲设计代表性人物罗伯托·布雷·马克斯（Roberto Burle Marx, 1909—1994）。他反对当时巴西人普遍热衷于效仿欧洲风格而忽略本土设计语汇, 率先大胆运用巴西本土植物。此外, 他对立体主义、表现主义、超现实主义等绘画形式的钟爱也常出现在景观平面中。本案的植物配置均采用巴西乡土热带植物。

图17-25 奥德特·芒太罗花园平面
1948, Odette Monterio

罗伯托·布雷·马克斯最重要的私人花园设计之一。平面布局充满绘画语言, 以植物、沙砾、卵石、水景、铺装等发挥绘画颜料般的作用, 在场地上绘制精美图案, 是布雷·马克斯设计手法的又一重要特色。

图17-26 奥德特·芒太罗花园园内景观

图17-27 柯帕卡帕那海滨大道

罗伯托·布雷·马克斯设计，别出心裁地用当地出产的棕、黑、白三色马赛克在人行道上绘就巨幅"画作"。海滩边黑白两色的波纹状铺装不仅在形式上呼应了海岸波浪线，黑白马赛克的拼纹方式也表达出他对葡萄牙传统风格的传承。人行道上热带植物三五成群间隔种植，下面设有休息坐凳，整条大街仿佛是一个充满活力的线性花园。

图17-28
柯帕卡帕那海滨大道
葡萄牙风格的马赛克地面拼纹

变革新纪元
20世纪的景观与环境设计

图17-29　墨西哥城卫星城的地标设计

路易斯·巴拉甘（Luis Barragán，1902—1988）设计，他是与布雷·马克斯同时期的拉美本土景观设计师，倡导在设计中表现强烈的民族意识，并探索如何将现代主义与墨西哥传统文化以一种非对立的新形式相结合。设计采用红、黄、蓝、白四色组成高低错落的塔体，表达色彩是体现人类情感的最好元素，也象征了墨西哥民族的活力与奔放。

图17-30　情侣之泉

墨西哥

Fuente de Los Amantes

路易斯·巴拉甘设计，在色彩明亮的墙体内设置高架落水槽，宁静的水面、落水口的瀑布与植物形成反差，墙体与落水、光影的巧妙结合也衬托出动静对比的效果，构成了巴拉甘对于景观精神、生命以及地方宗教文化等更高层次的多维思想。

12.3

美国现代景观设计的兴盛

　　20世纪，美国现代景观设计已在两次世界大战的硝烟中，悄悄实现了从传统向新思维的蜕变。新的设计观念反对布满方格网、反对小汽车、反对超大尺度的新规划运动，以保护自然景观和为民众提供休闲、度假场所为目的的州立公园、国家公园大规模地兴盛起来。以罗伯托·布雷·马克思为代表的巴西现代园林设计开始影响整个美洲大陆，以弗兰克·赖特为代表的有机建筑派也提出了将建筑和景观设计融为一体的新思想。继1899年奥姆斯特德在美国创立了景观建筑师协会（American Society of Landscape Architects）之后，其子小奥姆斯特德（Frederick Law Olmsted Jr., 1870—1957）又在哈佛大学创立了美国第一个景观规划（Landscape Architecture）设计专业。景观设计在当时作为一门独立的学科，虽不像建筑专业那样风格鲜明，但也已得到了一定程度的发展。在多方因素影响下，一直备受美国人推崇的古典主义手法告终，景观设计开始普遍受到关注并取得卓有成效的进展。

图17-31　洛克菲勒中心
纽约曼哈顿
Rockefeller Center, Manhattan in New York City

现代都市首度迈出了针对城市摩天建筑群进行合理调整的第一步，19幢由商业、娱乐、办公大楼所组成的建筑群，共同围绕一个可作溜冰场的下沉广场。这种做法在今天看来司空见惯，但在当时堪称革命性标志，表明建筑师开始响应景观设计师所倡导的对城市空间进行合理设计。

图17-32　建筑之间的下沉广场
洛克菲勒中心

12 变革新纪元
20世纪的景观与环境设计

	17-34	17-36
17-33	-----	-----
	17-35	17-37

图17-33　瑙姆科吉庄园

斯托克布里奇,马萨诸塞州,1931
Naumkeag, Stockbridge, Massachusetts

弗莱彻·斯蒂里(Fletcher Steele, 1885—1971)设计。20世纪初的美国景观仍深受欧洲古典学院派与奥姆斯特德自然主义的两方面影响。斯蒂里是第一个将欧洲现代景观思想介绍到美国的设计者,不仅对法式新型庭园做了细致介绍,还对色彩、形式、材料和空间等方面做了大胆创新,瑙姆科吉庄园是其中的代表作。斯蒂里的设计手法虽介于传统与现代之间,却依然推动着美国景观领域迈向现代主义的进程。

图17-34　瑙姆科吉庄园南部的草坪

受庄园四周山脊线的启发,斯蒂里对庄园内的原有设计做了部分保留,但在西南侧布置了一片具有大地艺术气质般的"南部草坪"。他在草坪上堆砌了大胆的地形,用优美的草皮曲线呼应背景山脉,使背景与地貌合二为一。

图17-35　草坪与背景山脉

瑙姆科吉庄园

图17-36　加州花园

美国西海岸
California Garden

托马斯·丘奇(Thomas Church)设计。丘奇对20世纪美国现代景观设计有着重要影响,被誉为"美国最后一位伟大的传统设计师和第一位伟大的现代设计师"。加州花园开创了美国西海岸的户外生活新方式,如露天木制平台、游泳池、不规则种植区和动态平面,使美式花园告别对欧洲风格的单纯复制和抄袭,转为对美国社会、文化和地理的多样性开拓。

图17-37　加州花园的露天木制平台与远眺海岸

美国西海岸
California Garden

图17-38 唐纳花园中的肾形游泳池

美国

Donnel Garden, USA

托马斯·丘奇（Thomas Church）设计，泳池流畅的曲线与远处的海湾线融合于一体。这种形态受20世纪30年代出现的超现实主义（Surrealism）影响。超现实主义作品大量运用有机形体，如卵形、肾形、飞镖形、阿米巴曲线等，又给当时的景观设计师提供了新语汇并风靡一时。

图17-39 唐纳花园平面图

图17-40 阿尔可花园内金属廊架

洛杉矶

Alcoa Garden, Los Angeles

盖瑞特·埃克博（Garrett Eckbo, 1910—2000）设计，加州学派的另一位重要代表人物。阿尔可花园是埃克博的代表作之一，曾是他自己住所的前院。设计中大胆运用多种新材料，对各色电镀铝材的应用尤为出色。埃克博大胆创造了一架带有屏风和隔栅的廊架，用各种铝合金型材和网孔板制成，并围绕中央草坪，借助光影散发金属特有的光泽。整座花园的成功之处在于对材料的突破性运用，在当时掀起了一股用铝合金制作花园小品的热潮。

17-38		17-42
17-39	17-40	
	17-41	17-43

图17-41 阿尔可花园内的金属制小品

图17-42 米勒花园

印第安纳州哥伦布市

Miller Garden, Columbus, Indiana, USA

丹尼尔·厄班·克雷（Daniel Urban Kiley, 1912—　）设计，结合了法式17世纪园林现代景观设计手法并加以创新。克雷从基地和功能出发确定空间类型，利用轴线、绿篱、整齐的树列和树阵、方形水池、树池和平台等古典语言来塑造空间，注重结构的清晰和空间的连续性，并灵活运用材质色彩、植物的季相变化以及水体的灵动，塑造出空间的微妙变化。

图17-43 围绕米勒花园别墅的周边景色

17-44	17-46	17-48
	17-47	
17-55		17-49

图17-44 福特基金会总部的前庭广场

纽约，1964

Ford Foundation, New York

克雷设计，世界上首个室内花园。花园面街而建，巨大的玻璃墙和采光顶棚不仅为室内花木提供了充足光线，也为企业员工提供了明亮、富有生气的休息场所。于是一些小面积、夹在建筑之间的口袋公园（vest pocket park）如雨后春笋般涌现，改善了建筑内部的工作环境，也提高了企业形象。

图17-45 凯撒中心屋顶花园

加利福尼亚奥克兰市

Kaiser Center, Oakland, California

奥斯芒德森（T. Osmundson, 1921— ）设计，受超现实主义绘画的影响，用流畅的有机曲线设计了屋顶花园。其中的水池、草坪均以有机形式组合在一起，体现出强烈的动感。

图17-46 佩利公园

1965—1968, Paley Park

罗伯特·泽恩（Robert Zion, 1921— ）设计，在面积不到400平方的城市空间内创造了舒适的休息空间，采用轻便的座椅、小商亭、整齐的皂荚林、四周爬满攀缘植物的山墙以及尽端处的水墙，充满绿意，使人安静愉悦。"袖珍公园"的做法随后在城市中逐渐流行。美国高层建筑群之间的狭窄空间，也因袖珍公园的出现得以发展出全新模式

图17-47 绿亩公园

Greenarce Park

佐佐木英夫（Hideo Sasaki, 1919—2000）设计，院内保留了整齐的皂荚林，但又多了另外几处特色附属空间，如被各种植物围合的亲水平台和花架空间，木质廊架和小水庭使出入口更为醒目，院内的一面墙装饰了盆栽式植物和流水渠等，均丰富了空间层次和细节美感。

图17-48　罗斯福总统纪念园
The FDR Memorial

劳伦斯·哈普林（Lawrence Halprin, 1916—　）设计，一改传统纪念碑图腾、神像、陵墓等令人生畏的模式，转而采用花岗岩石墙、喷泉跌水、植物等塑造开放的空间形式，使空间既具有纪念意义，又能供人游赏休息。

图17-49　罗斯福总统纪念园石墙

石墙文字刻画出每个时期的重大事件，岩石与跌水烘托了各个时期的社会气氛，开创性的新形式顷刻间就达到引人入胜的效果。

变革新纪元
20世纪的景观与环境设计

图17-50　罗斯福总统纪念园内第二区的雕塑

这组雕塑作品名为"经济恐慌",表现当时大批失业工人与难民在排队领取食物的情景。

　　与此同时,随着高速公路的迅速发展,供人生活娱乐休闲的购物中心也蓬勃兴盛起来,不但为搬迁至城市外围的居民提供了便利,也发展了以消费为目的的休闲景观。早先的百货公司将窗饰当作艺术形式,而今已变得不重要,因为宽阔的停车场已经取代了城市人行道。在停车场上,一些用树木和其他植物环绕而成的种植岛构成了户外的独特风景。由此可见,现代景观探索随着城市生活的发展开始呈现全新模式。

18

未来的期许

当代景观艺术的展望

进　入21世纪以来，世界变得越来越纷繁复杂，和平与发展成为世界的主题，政治多极化在曲折中发展，国际局势呈现总体和平、缓和、稳定，局部战乱、紧张、动荡的局面，而文化冲突与融合的彼此博弈却进入更深层次的阶段。各国为了能从国际市场中都分享到自身利益，纷纷发展各自经济，彼此间建立了不同经济联合体以增强各自国际地位。西方发达国家则凭借自身在世界经济中的垄断地位，利用强权政治和经济霸权不断干扰发展中国家的事务、社会制度和意识形态，以确保其在世界舞台中的经久不衰。可以说，构建一个真正和平的世界还任重道远，但应该坚信随着亚非拉等广大发展中国家的自觉、自强和自立，和谐社会的到来依然势不可挡。

18.1

当代世界的新课题

多极化的世界

　　二战后，因绝大多数国家的重建需要，城市再开发成为城市更新的主要方式，这为现代主义的发展提供了大规模的实践良机。幸免于炮火的历史遗迹，在开发过程中成为发展障碍，强调功能性的现代城市开始迅速席卷战后世界，其速度与成效都令世人瞠目。如此现象必然招致对现代主义景观持强烈反对态度的设计群体的出现，这些人更钟情于表现建成环境与地方历史文化之间的关联。在他们的引导下，现代主义之势逐渐式微，形式繁多的后现代主义粉墨登场。一方面，后现代主义较多出现在城市更新中的历史街区，使各种传统城市形态及其社会价值受到重视，以改造、整治为主的设计方式逐步替代了一味的拆除、破坏。同时，人们意识到合理的尺度不仅能改善日渐疏远的人际关系，更可以缓解城市交通压力，节省能源。

图18-1　萨尔布吕肯市港口岛公园
彼得·拉茨设计
Bürgpark Hafeninsel, Saarbrücken

图18-2　流动的围篱

"包扎大师"克里斯托和让娜·克劳德（Christo and Jeanne-Claude）夫妇的大地艺术作品，用一条长达48千米的白布长墙进行创作。克里斯托夫妇是大地艺术最重要的代表人物，完成的作品只有19件，但每一件都举世闻名。手法多为覆盖、包裹等，这些作品不仅实现难度极大，而且造价高昂。他们从不接受赞助或委托，也拒绝为作品阐释任何深刻含义，坚持声称：所做的一切仅关乎欢乐与美感。

　　与此同时，有机城市规划理念也应运而生，英国人麦基以细胞更新为理论基础，于1974年提出采用感性、小规模尺度的区域修复和更新技术取代大型兴建。F. 吉伯德在英国米德塞克斯郡哈罗市（Harlow）的规划上，也采用类似方式。如今的哈罗市因伦敦向外扩展，已发展为大伦敦的一个自治镇。但在当时，则以"区—邻里—居住区—居住组团—家庭住宅"的明确层次而展开，它们互为前提又各自独立，只有当这些有机体都相对平衡时，城市才得以健康发展。有机城市规划理念与21世纪倡导的可持续发展吻合，成为人类在城市建设上探索可持续的初次实践。

　　在艺术领域，同样出现了对现代主义的厌倦，这一时期的艺术思潮涌动不止，也激起了艺术家投身景观创作的热情，尤其在60—70年代，随着西方雕塑的不断抽象化并向室外空间拓展，"大地艺术"逐渐蓬勃发展。这一艺术形式，模糊了所谓雕塑与外界环境的关联与差异，却也逐渐成为一种能改善人类生活环境的有效手段。至此，当代景观设计领域又发生了一次质的飞跃，大地艺术和景观设计遂开始形影不离地出现在一些公众场所，成为使人身心愉悦的公共艺术品，也引起了设计师们对景观设计思想与表现手段的再思考。千城一面的城市景观开始转向个性化。

图18-3 巴黎"新桥"
克里斯托和让娜·克劳德作品

图18-4 山谷垂帘
美国科罗拉多,克里斯托和让娜·克劳德作品

| 18-3 | 18-4 | 18-5 |

与此同时,席卷全球的生态主义也促使人们以科学角度来重新审视景观。尽管在此之前,奥姆斯特德、斯德哥尔摩学派、菲利普·路易斯(Philip Lewis)、哈普林等大师与设计团体都进行了有效实践,但在西方真正引起轰动的当属伊恩·伦诺克斯·麦克哈格及其著作《设计结合自然》。

图18-5 《设计结合自然》
1969, *Design With Nature*

伊恩·伦诺克斯·麦克哈格著。针对西方国家因大规模扩建所造成的城市超然庞大、交通系统过于复杂、人际关系疏远、人与自然相互脱离、城市功能丧失等消极问题,关注如何采用古典方法和适宜的尺度来改变工业化城市中面貌单一和尺度过大的问题,从而加强城市亲和力,增加居民的交往,提升城市的历史文化含量,发展修正性的后现代主义城市规划理论。

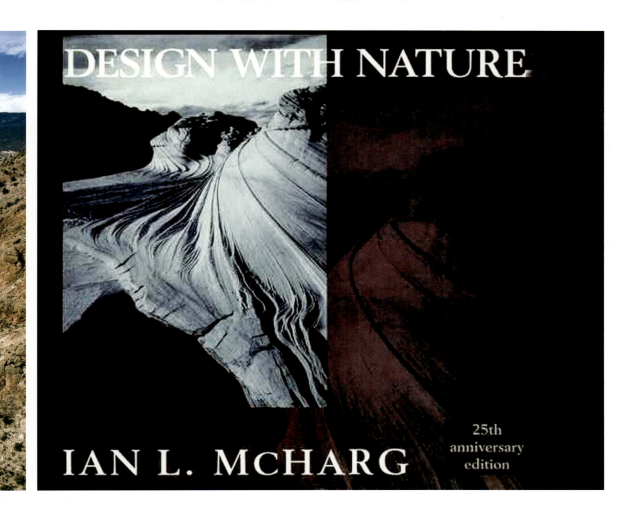

18.2 现代主义的没落

后现代主义的粉墨登场

第二次世界大战后,特别是20世纪50—70年代期间,在现代主义基础上发展起来的国际主义几乎影响了整个世界。除了在设计界制定了戒律教条之外,也让昔日具有人情味的环境转向了一种过于单调和刻板的局面,从建筑到室内再到景观,无一不是朴素而简单至上,地方与民族特色消失殆尽,负面效应开始展现。面对现代主义近30年的垄断,到了60年代末,追求个性与装饰意味的后现代主义(Postmodernism)思潮涌现。这股文化运动不但波及了艺术、建筑与景观领域,还涉及哲学、文学等各个方面。它在设计上的反映,主要表现为多元化、混合的视觉呈现,以及满足人们一直被现代主义所漠视的对自然、历史、情感的心理需求。

图18-6　洛杉矶的城市规划模型

图18-7　意大利广场
美国新奥尔良,1978
Plaza D'ltalia, New Orieans

查尔斯·莫尔(Charles Moore, 1925—1993)设计。后现代主义的景观作品倾向于用符号学元素来传达场景的信息与特殊意义,通过组织编排这些符号,进而表述对场地自然与历史的追溯。新奥尔良意大利广场为这一风格的代表作,位于新奥尔良市的意大利社区中心。地面铺装吸取了附近一幢大楼的黑白线条元素,中心水池也借用意大利西西里岛地图的形状,柱廊上的罗马风格柱式采用了不锈钢柱头,五颜六色的霓虹灯勾勒出墙上的线脚,包括其他元素在内均充满了讽刺、诙谐、玩世不恭的意味。

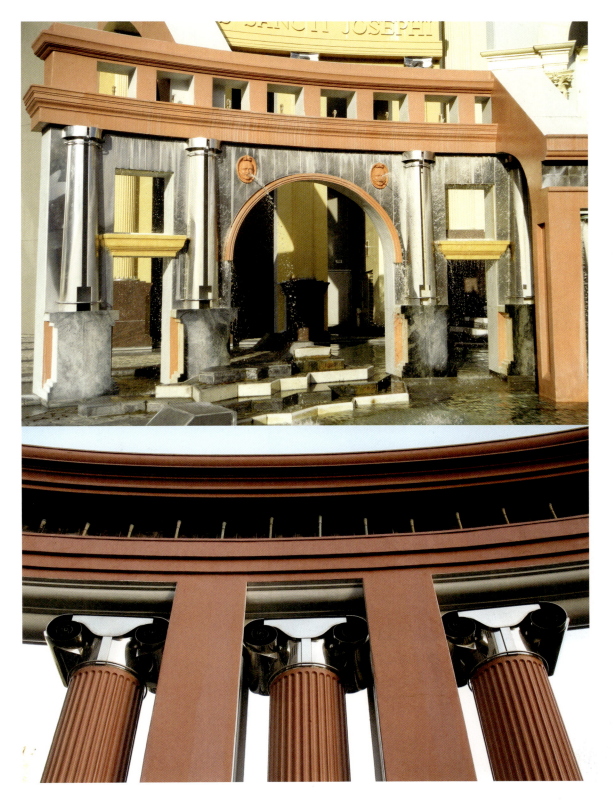

图18-8　意大利广场的喷泉水景

图18-9　意大利广场的不锈钢古典柱头

图18-10　富兰克林故居纪念馆前厅广场
费城，1972
Benjamin Franklin Museum, Philadelphia

罗伯特·文丘里（Robert Venturi）设计。采用不锈钢架勾画了故居建筑的轮廓，用白色大理石在红砖地面上标注出旧建筑平面，雕塑般的展窗展示故居原貌，空间渗透了旧建筑的灵魂，唤起人的思念之情。

图18-11　广场上的不锈钢架结构
富兰克林故居纪念馆

图18-12　华盛顿西广场
1979

罗伯特·文丘里设计，地面铺装图案描绘了城市的历史发展格局。

图18-13　雪铁龙公园鸟瞰
巴黎
Parc Andre Citroën

位于巴黎西南郊，在原雪铁龙汽车厂旧址基础上建立的后现代主义风格公园。整座公园体现了严谨的集合对位关系，由一条呈对角线方向的游览路线将公园分为两个部分，同时又分出各个景点。游览路线虽然笔直，但富有鲜明的高差变化，并串联了六座代表传统园林文化的系列园。六座系列园面积一致，均为长方形，每个小园都通过特定的种植、材料来体现某一种金属及其象征。总体而言，公园内各种风格相互渗透，彻底移除了原始基地的痕迹，一目了然地呈现出后现代主义理解下的各种历史风格。

图18-14　公园内小径地铺
雪铁龙公园

图18-15　波士顿面包花园
Bagel Garden

玛莎·施瓦茨（Martha Schwartz）设计，她擅长利用混凝土、沥青、塑料等日常最普通廉价的材料，来表现时代特征、大众生活状况及价值取向。本案中，在黄杨篱围合的方形空地上，排铺了72个抹了焦油的面包圈，大有宣扬大众文化主义的阵势。这些金黄色的面包圈在紫色卵石的衬托下显得尤为明亮，明快的对比色展现喜悦之情与活力。

图18-16　置于地面的金属面包圈
波士顿面包花园

图18-17　盐湖城新监狱庭院
King County Jailhouse Garden

玛莎·施瓦茨设计，缀满了碎瓷片的地面与墙壁，象征着绿篱、树木的图像符号，建筑墙面上用瓷砖贴成的拱门，以及立在地上的十字架均传达出一种发人深思的悔改之义。

图18-18　地面瓷砖与十字架
盐湖城新监狱庭院

图18-19　瑞欧购物中心广场庭院
亚特兰大
Rio Shopping Center

玛莎·施瓦茨设计，用廉价的砾石将庭院分割成带状，连接商场的天桥部分涂成红色，从钢球中喷射出来的雾状水气形成视线焦点。最突出的部分是桥下方面向同一方向、阵列排布的300只镀金青蛙。

图18-20　瑞欧购物中心广场庭院的"青蛙阵"

18.3 个性的诠释

对改变现代主义、国际主义的尝试来说，后现代主义并不是唯一的战斗力量，高技术风格（High-Tech）、解构主义（Deconstructionism）、新现代主义（Neo-Modernism）作为主流思想统领下的支流，同样显现出勃勃生机。

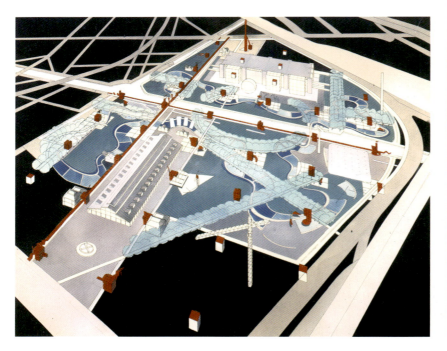

多元的重构——解构主义

面对后现代主义发展到后期呈现出的不加节制的商业泛滥的情况，解构主义成为一种探索形式，充满着对现代主义、国际主义正统原则与正统标准的否定与批判。与现代主义城市景观最大的差异在于，解构主义景观空间更具前瞻性、更富弹性，而传统景观通常忽略将来的可变因素，仅围绕一个中心或一个聚焦空间进行划分。从形式上看来，它主张以对现代主义的真正理解与透彻认识为基础，探索以恒变、无次序、无固定形态、无中心、反非黑即白的手法将现存的众多风格元素进行重构，从而达到一种更为宽容、自由、多元、非统一、破碎、凌乱的形式来建立一种新的可能性。

图18-21　拉·维莱特公园平面图

巴黎, 1982

Parc de la Villette

伯纳德·屈米（Bernard Tschumi）设计，解构主义景观代表作品。在约55公顷的公园里，屈米运用了点、线、面三种基本元素将园内外的复杂环境有机地统一了起来。屈米首先用近40个称为"Folie"的红色小建筑，按120×120米的距离安插，表达"点"；公园内的两条长廊、几条笔直的林荫路和贯通全园主要区域的流线形游览路体现了"线"；纵横交错的园路分割出一片片草坪、树林、主题园及其他场地，形成"面"。客观地说，在拉·维莱特公园内，点、线、面的处理表达了屈米对传统形式的反对。

图18-22　拉·维莱特公园实景

屈米用分离与解构的方法，重塑了这片曾经夹杂了菜场与运河的复杂环境，用最基本的设计要素塑造出强烈的交叉感与冲突感。尽管红色Folie严格遵照方格网来布置，但因彼此间距甚远，如同从大片绿地中生长出来的红色标记，在植物的衬托下，方格网的规整感不复存在。整个公园作了无边界处理，不失盎然生机。

18 **未来的期许**
当代景观艺术的展望

图18-23 柏林犹太人博物馆
Berlin Jewish Museum

美国建筑师丹尼尔·里勃斯金德（Daniel Libeskind, 1946— ）设计，运用强烈的解构主义手法设计了博物馆的建筑与环境。里勃斯金德用折线形式结合建筑平面，在外墙窗户、草地游线组织上体现折线穿插。整体上，线性要素相互穿插呼应，展现全新的视觉感受。

图18-24 霍夫曼花园
柏林犹太人博物馆
E.T.A. Hoffmann Garden

在该博物馆的霍夫曼花园内，里勃斯金德按矩形布局安插了49根斜向指向天空的空心混凝土方柱，柱头的绿色植物象征了犹太人坚不可摧的民族性格，强烈的视觉冲突和空间效果通过解构主义倾斜、裂解、拼接、悬浮、移位、斜轴等特征表现得一览无余。

秩序的推崇——极简主义

　　到了20世纪60年代,受风格派与构成主义的影响,极简主义悄然出现。该风格以绘画和雕塑为起点,在选材上突出不锈钢、电镀铝、玻璃等工业材料的运用,通过现代机械技术和加工工艺使作品拥有精致和规整的特色。在形式上,多用简单的几何形体来体现纪念形式的简约与明晰;在色彩上,通常只以黑、白、灰三色表达更为洗练的视觉效果;在构成要素上,突出强调以整体、重复、系列化的形式来摆放物体,如等距摆放或依照几何倍数的关系递进摆放。作为一种极度简化的艺术形式,极简主义与其他风格一样均体现了艺术家群体对现代主义统领天下的不满,与众不同之处在于极简主义更多地关注对社会秩序的追求,以及对现实生活韵律的体现。

图18-25　哈佛大学校园的"泰纳"喷泉
Tanner Fountain

彼得·沃克（Peter Walker, 1932—　）设计，位于哈佛校园中的一个步行道交叉口。设计明显受极简主义艺术家安德拉于1977年在哈特福德（Hartford）创作的石阵雕塑的影响。159块毛石组成环形石阵，直径达18米，透露出典型的极简主义风格，也为学生提供了一处纳凉好场所。石块中央设有一个雾状喷头，喷射出的水雾使石阵透露出原始自然的神秘感。

图18-26　泰纳喷泉冬季景象

图18-27　福特·沃斯市伯纳特公园
得克萨斯，1983
Burnett Park, Fort Worth, Texas

彼得·沃克设计，以米字形方格为母题。方格网布阵的道路系统与巨大的长方形草坪及矩形水池相结合，构成一个层层相叠的结构体系。其中，矩形水池由一个个正方形的小水池排列而成，中央竖立着一根根细长的喷泉，夜晚配合灯光散发着迷人的诗意。

18 未来的期许
当代景观艺术的展望

图18-28　慕尼黑机场凯宾斯基酒店前广场

1994，Hotel Kempinski

彼得·沃克设计，再次利用方形母题，数个呈10度角倾斜的树篱由修剪过的黄杨围合成正方形空间，每个正方形的空间内用红色碎石与绿色草坪铺成地坪，以此为单元。整座花园如同一块印有斜格子图案的方布，故而被形象地称为"花坛园"。

图18-29　雅各布·贾维茨广场

纽约，1996

Jacob Javits

玛莎·施瓦茨设计，以法国巴洛克园林的大花坛为原型，设计了六组卷涡状绿色长椅。这些椅子的座面不仅分设两头，方便路人从不同角度观赏四周景观，还分别围绕着六个顶部装有雾状喷头的草丘，在夏日可为乘凉者带来凉意。设计手法不同于一般广场中常用的修剪绿篱，是艺术性与实用性相结合的有效尝试。

图18-30　雅各布·贾维茨广场的卷涡状座椅

图18-31　联邦法院大楼前广场
美国明尼阿波利斯市，1998
Federal Courthouse Plaza

玛莎·施瓦茨设计，以一串串大小不同、高度不同的水滴形草丘组成场地景观，这些草丘在灰白相间的铺地上以30度夹角隆起，其间还横卧着一根根被锯成段的原木，一方面用作广场的休憩用具，同时被设计师用来象征该地区的经济支柱——木材，二者结合共同构成了耐人寻味的景观。

图18-32　草丘与小品
联邦法院大楼前广场

18 未来的期许
当代景观艺术的展望

自然的复归——生态主义

　　伴随着西方国家的工业化迅猛发展，人类在追求景观个性表现之时，环境恶化与资源枯竭同时敲响了人类生存的警钟。人类不得不正视生态与能源和自身生存与发展之间构成的紧密联系。由此，在景观设计上也开始了生态领域的探索与实践，"以人为本"的宗旨被置于更宽泛的自然生态圈之中，带来了"考察人在自我发展过程中是否有损于生态环境"思考，掀起了生态主义热潮。

18-33	18-35
18-34	

图18-33　西雅图煤气公园鸟瞰
1970，Gas Works Park

理查德·哈格（Richard Haag, 1923—　）设计，在西雅图煤气厂旧址基础上改建，标志着生态主义思潮第一次在景观中得到了实践。8公顷的公园中，部分保留了厂区原址和设备，最大限度地尊重场址的工业遗迹，有些被设计成巨型雕塑，有些则改建成餐饮、休息设施。原先肮脏的废弃工厂区域蜕变为包含历史、美学与实用价值的公共景观环境。

图18-34　被保留的工业遗迹
西雅图煤气公园

图18-35　慕尼黑奥林匹克公园
德国，1972
Munich Olympic Park

建筑师贝尼什（Günther Behnish, 1922—2010）与景观设计师格茨梅克（Günther Grzimek, 1915—1996）合作，在一片废弃机场上设计了第20届夏季奥运会的会场。该公园整体上采用流线形的布局，政府在奥运会结束后将奥运设施回归于民众娱乐、健身所用，该公园因此成为一处备受慕尼黑市民喜爱的休闲场所，独特的建筑造型与起伏的地形结合，成功实现了大型体育建筑与周边环境的有机相融。

18 未来的期许
当代景观艺术的展望

图18-36　杜伊斯堡诺德公园

德国

Landschaftspark Duisburg Nord

彼得·拉茨（Peter Latz, 1939—　）设计，是成功探索工业废弃场地改造的代表性案例。昔日的建筑及工程结构等被予以最大限度的保留，有的被磨成碎料作为红色混凝土的加色剂，有的被用作植物生长的攀爬架，有的则被作为地面铺装材料等。在时间的推移下，这些设施还会不断地受到自然的侵蚀，甚至重归自然，使公园始终处于一种不断更新的变化状态，但原有的历史记忆又萦绕其中。拉茨的设计手法使人们重新审视公园的含义与作用。

图18-37　改造后的小花园

杜伊斯堡诺德公园

图18-38　帕罗·奥托市拜尔斯比公园

加利福尼亚，1991

Byxbee Park

乔治·哈格里夫斯（George Hargreaves, 1953—　）设计。哈格里夫斯偏爱以雕塑性符号来发展公共空间的功能与象征性。公园里呈阵列式布置的土丘群、喷泉群，以及大地艺术般的木桩和混凝土路障等，都成为设计师表达人工景观与自然环境有机相融的方式，隐喻了曾经生活于此的人们的生活状态及环境资源。

图18-39　路易斯维尔市河滨公园

美国肯塔基，1988

Louisville Waterfront Park

乔治·哈格里夫斯设计，波浪状起伏的编织地形与树枝状的沟壑系统疏解了滨水地区每年泛滥的洪水和周边高速公路传来的噪声。

图18-40　东斯海尔德大坝的建筑垃圾场

荷兰

Oosterschelde Weir

荷兰著名设计事务所"West 8"的创办者高伊策（Adriaan Geuze, 1960—   ）设计。高伊策尝试将景观作为一个动态变化的过程来呈现生态主义,运用附近养殖场中的废弃蚌壳作为铺装用材,以黑白相间的条纹和棋盘格式的图案进行布置,犹如一件巨大的大地艺术作品。同时,出于生态角度的考虑,建筑垃圾场也为生活在这片海域濒临灭绝的海鸟提供了一个繁殖栖息的场所。此外,海鸟对蚌壳具有与生俱来的依赖性,时常会根据自身羽毛的色彩来选择不同色彩的贝壳堆作为栖息地,原本堆满了碎石的建筑垃圾场通过生态手段焕发了无限生机。

图18-41　东斯海尔德大坝

18　未来的期许
当代景观艺术的展望

图18-42　舒乌伯格广场
荷兰鹿特丹
Schouwburgplein, Rotterdam

高伊策设计。广场上4个红色35米高的水压式灯,每隔两小时即变换形状,120个喷水柱在温度超过22度时便自动喷水。此外,地下停车场及广场地铺等形式都表现了自然界的温度变化、昼夜轮回、季节更替等现象,整体景观始终处于变化之中。

　　客观地说,生态主义在当今的景观表现上远不止上述手法,实践者也远非区区数位,理解与运用手法也不尽相同。但毋庸置疑的是,在人类近半个世纪的探索与追求下,各种高科技手段应运而生,人类与自然和谐相融的可持续发展能力与意识得以进一步增强,如何从能源经济的角度把自然机制与人工创造结合起来,将依然是一个永恒不变的主题。